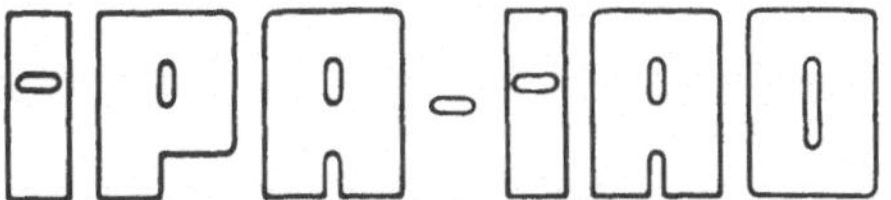

IPA-IAO
Forschung und Praxis

Band 159

Berichte aus dem
Fraunhofer-Institut für Produktionstechnik
und Automatisierung (IPA), Stuttgart,
Fraunhofer-Institut für Arbeitswirtschaft
und Organisation (IAO), Stuttgart,
Institut für Industrielle Fertigung und
Fabrikbetrieb der Universität Stuttgart, und
Institut für Arbeitswissenschaft und
Technologiemanagement, Universität Stuttgart

Herausgeber: H. J. Warnecke und H.- J. Bullinger

Hans-Peter Roth

Ein Beitrag zur Planung und Optimierung der Verfahrensteilung in der Fertigung

Mit 50 Abbildungen

Springer-Verlag
Berlin Heidelberg New York
London Paris Tokyo
Hong Kong Barcelona 1992

Dipl.-Ing. Hans-Peter Roth

Fraunhofer-Institut für Produktionstechnik und Automatisierung (IPA), Stuttgart

Prof. Dr.-Ing. Dr. h. c. Dr.-Ing. E. h. H. J. Warnecke

o. Professor an der Universität Stuttgart
Fraunhofer-Institut für Produktionstechnik und Automatisierung (IPA), Stuttgart

Prof. Dr.-Ing. habil. H.-J. Bullinger

o. Professor an der Universität Stuttgart
Fraunhofer-Institut für Arbeitswirtschaft und Organisation (IAO), Stuttgart

ISBN-13: 978-3-540-55113-3   e-ISBN-13: 978-3-642-47946-5
DOI: 10.1007/978-3-642-47946-5

Geleitwort der Herausgeber

Futuristische Bilder werden heute entworfen:

o Roboter bauen Roboter,

o Breitbandinformationssysteme transferieren riesige Datenmengen in
  Sekunden um die ganze Welt.

Von der "menschenleeren Fabrik" wird da gesprochen und vom "papierlo-
sen Büro". Wörtlich genommen muß man beides als Utopie bezeichnen,
aber der Entwicklungstrend geht sicher zur "automatischen Fertigung"
und zum "rechnerunterstützten Büro". Forschung bedarf der Perspektive,
Forschung benötigt aber auch die Rückkopplung zur Praxis - insbesondere im Bereich der Produktionstechnik und der Arbeitswissenschaft.

Für eine Industriegesellschaft hat die Produktionstechnik eine Schlüs-
selstellung. Mechanisierung und Automatisierung haben es uns in den
letzten Jahren erlaubt, die Produktivität unserer Wirtschaft ständig
zu verbessern. In der Vergangenheit stand dabei die Leistungssteigerung
einzelner Maschinen und Verfahren im Vordergrund. Heute wissen wir, daß
wir das Zusammenspiel der verschiedenen Unternehmensbereiche stärker
beachten müssen. In der Fertigung selbst konzipieren wir flexible Fertigungssysteme, die viele verkettete Einzelmaschinen beinhalten. Dort,
wo es Produkt und Produktionsprogramm zulassen, denken wir intensiv
über die Verknüpfung von Konstruktion, Arbeitsvorbereitung, Fertigung
und Qualitätskontrolle nach. Rechnerunterstützte Informationssysteme
helfen dabei und sollen zum CIM (Computer Integrated Manufacturing)
führen und CAD (Computer Aided Design) und CAM (Computer Aided Manufacturing) vereinen. Auch die Büroarbeit wird neu durchdacht und mit
Hilfe vernetzter Computersysteme teilweise automatisiert und mit den
anderen Unternehmensfunktionen verbunden. Information ist zu einem
Produktionsfaktor geworden, und die Art und Weise, wie man damit umgeht,
wird mit über den Unternehmenserfolg entscheiden.

Der Erfolg in unseren Unternehmen hängt auch in der Zukunft entscheidend von den dort arbeitenden Menschen ab. Rationalisierung und Automatisierung müssen deshalb im Zusammenhang mit Fragen der Arbeitsgestal-
tung betrieben werden, unter Berücksichtigung der Bedürfnisse der Mitarbeiter und unter Beachtung der erforderlichen Qualifikationen. Investitionen in Maschinen und Anlagen müssen deshalb in der Produktion wie
im Büro durch Investitionen in die Qualifikation der Mitarbeiter be-
gleitet werden. Bereits im Planungsstadium müssen Technik, Organisation
und Soziales integrativ betrachtet und mit gleichrangigen Gestaltungs-
zielen belegt werden.

Von wissenschaftlicher Seite muß dieses Bemühen durch die Entwicklung
von Methoden und Vorgehensweisen zur systematischen Analyse und Ver-
besserung des Systems Produktionsbetrieb einschließlich der erforderlichen Dienstleistungsfunktionen unterstützt werden. Die Ingenieure
sind hier gefordert, in enger Zusammenarbeit mit anderen Disziplinen,
z. B. der Informatik, der Wirtschaftswissenschaften und der Arbeitswissenschaft, Lösungen zu erarbeiten, die den veränderten Randbedingungen
Rechnung tragen.

Beispielhaft sei hier an den großen Bereich der Informationsverarbeitung im Betrieb erinnert, der von der Angebotserstellung über Konstruktion und Arbeitsvorbereitung, bis hin zur Fertigungssteuerung und Qualitätskontrolle reicht. Beim Materialfluß geht es um die richtige Aus-

wahl und den Einsatz von Fördermitteln sowie Anordnung und Ausstattung
von Lagern. Große Aufmerksamkeit wird in nächster Zukunft auch der
weiteren Automatisierung der Handhabung von Werkstücken und Werkzeugen sowie der Montage von Produkten geschenkt werden.

Von der Forschung muß in diesem Zusammenhang ein Beitrag zum Einsatz
fortschrittlicher intelligenter Computersysteme erfolgen. Planungs-
prozesse müssen durch Softwaresysteme unterstützt und Arbeitsbedingun-
gen wissenschaftlich analysiert und neu gestaltet werden.

Die von den Herausgebern geleiteten Institute, das

- Institut für Industrielle Fertigung und Fabrikbetrieb der Universität
  Stuttgart (IFF),

- Fraunhofer-Institut für Produktionstechnik und Automatisierung (IPA),

- Fraunhofer-Institut für Arbeitswirtschaft und Organisation (IAO)

arbeiten in grundlegender und angewandter Forschung intensiv an den
oben aufgezeigten Entwicklungen mit. Die Ausstattung der Labors und
die Qualifikation der Mitarbeiter haben bereits in der Vergangenheit
zu Forschungsergebnissen geführt, die für die Praxis von großem
Wert waren. Zur Umsetzung gewonnener Erkenntnisse wird die Schriftenreihe "IPA-IAO - Forschung und Praxis" herausgegeben. Der vorliegende
Band setzt diese Reihe fort. Eine Übersicht über bisher erschienene
Titel wird am Schluß dieses Buches gegeben.

Dem Verfasser sei für die geleistete Arbeit gedankt, dem Springer-
Verlag für die Aufnahme dieser Schriftenreihe in seine Angebotspa-
lette und der Druckerei für saubere und zügige Ausführung. Möge das
Buch von der Fachwelt gut aufgenommen werden.

H. J. Warnecke · H.-J. Bullinger

Vorwort des Autors

Die vorliegende Arbeit entstand während meiner Tätigkeit als wissenschaftlicher Mitarbeiter am Fraunhofer-Institut für Produktionstechnik und Automatisierung (IPA), Stuttgart.

Mein besonderer Dank gilt dem Leiter des Instituts, Herrn Prof.Dr.h.c.mult.Dr.-Ing. H.J. Warnecke, für seine großzügige Unterstützung und Förderung, die entscheidend zur erfolgreichen Durchführung dieser Arbeit beigetragen haben.

Herrn Prof.Dr.-Ing. U. Heisel danke ich sehr für die Übernahme des Mitberichts und die sich daraus ergebenden wertvollen Hinweise und Anregungen.

An dieser Stelle möchte ich insbesondere auch Herrn Prof.Dr.-Ing.habil. W. Dangelmaier für sein fachliches Engagement und seine stete Gesprächsbereitschaft während des gesamten Entstehens dieser Arbeit aufrichtig danken.

Aus dem großen Kreis der Mitarbeiter des Instituts, die mich mit inhaltlichen Anregungen oder durch tatkräftige Mithilfe bei der textlichen und grafischen Ausarbeitung unterstützt haben, möchte ich Herrn Dr.-Ing. R. Steinhilper, Herrn Dr.-Ing. C.M. Claussen, Herrn Dipl.-Wirtsch.-Ing. K.-P. Zeh, Herrn Dipl.-Ing. U. Haug, Herrn Dipl.-Betriebsw. M. Schlenker, Herrn Dipl.-Ing. J. Schulte und Herrn Thomas Kürsten sehr herzlich danken.

Stuttgart, Juli 1991   Hans - Peter Roth

<u>I N H A L T S V E R Z E I C H N I S</u>   Seite

0   **Abkürzungsverzeichnis**

Zeichen	Einheit	Bedeutung
A	m^2	Maschinenfläche
BAZ		Bearbeitungszentrum
B_I	h	Ist-Beschäftigung
B_{Ig}	h	Ist-Beschäftigung bei dominantem Gebrauchsverschleiß
B_{Iz}	h	Ist-Beschäftigung bei dominantem Zeitverschleiß
B_K	h	Kritische Beschäftigung
B_P	h	Planbeschäftigung
c		Anzahl Arbeitsvorgänge auf NC-Maschinen
d	mm	Drehdurchmesser
d_{roh}	mm	Rohteildurchmesser
D	mm	Umlaufdurchmesser
DBAZ		Dreh-Fräs-Zentrum
EHT	mm	Einhärtetiefe
f		Index Anzahl Arbeitsvorgänge je Fertigungsablaufvariante
F	1/h	Transportfahrten
FAV		Fertigungsablaufvariante
FDK	DM	Fertigungsdifferenzkosten
F_i		Instandhaltungsfaktor
FK	DM	Fertigungskosten
h		Anzahl Arbeitsvorgänge auf konventionell gesteuerten Maschinen
H		Hauptbearbeitungselement
GPK	DM	Gesamtproduktionskosten
i		Index Anzahl Werkstücktypen
j		Index Anzahl Fertigungsablaufvarianten
k		Index Anzahl Fertigungseinrichtungen
k_d	DM/Arbeits-vorgang	Werkstattsteuerungskostensatz
k_{fix}	DM	fixe Kosten
k_l	DM/h	Lohnkostensatz
k_m	DM/h	Maschinenkostensatz

Zeichen	Einheit	Bedeutung
k_o	DM/h	Anlagenkostensatz
k_p	DM/h	Arbeitsplatzkostensatz
k_q	DM/Prüfung	Qualitätssicherungskostensatz
k_r	DM/h	Rüstkostensatz
k_s	DM/Lagerspiel	Lagerkostensatz
k_t	DM/Fahrt	Transportkostensatz
k_v	DM/Vorrichtung	Vorrichtungsbereitstellungskostensatz
k_{var}	DM	variable Kosten
k_{wc}	DM/Werkzeugsatz	Werkzeugbereitstellungskostensatz für numerisch gesteuerte Maschinen
k_{wk}	DM/Werkzeugsatz	Werkzeugbereitstellungskostensatz für konventionelle Maschinen
K	DM	Kosten
K_a	DM/Monat	kalkulatorische Abschreibungen
K_A	DM	Auftragsabwicklungskosten
K_B	DM	Bearbeitungskosten
K_D	DM	Werkstattsteuerungskosten
K_e	DM/Monat	Energiekosten
K_{el}	DM/kWh	Energiekostensatz
K_{fl}	DM/m^2	Raumkostensatz
K_F	DM/Bestellung	Bestellkosten bei Fremdbezug
K_H	DM	Materialkosten
K_i	DM/Monat	Instandhaltungskosten
K_K	DM	Bestandskosten
K_L	DM	Lohnkosten
K_M	DM	Maschinenkosten
K_{MH}	DM/h	Maschinenstundensatz
K_O	DM	Anlagekosten
K_P	DM	Arbeitsplatzkosten
K_Q	DM	Qualitätssicherungskosten
K_r	DM/Monat	Raumkosten
K_R	DM	Rüstkosten
K_S	DM	Lagerkosten

Zeichen	Einheit	Bedeutung
K_{ST}	DM/Stück	Stückkosten
K_{SQ}	DM	Sondermeß- und Prüfmittelkosten
K_{SV}	DM	Sondervorrichtungskosten
K_{SW}	DM	Sonderwerkzeugkosten
K_T	DM	Transportkosten
K_U	DM	Vorbereitungskosten
K_V	DM	Vorrichtungsbereitstellungskosten
K_W	DM	Werkzeugbereitstellungskosten
K_z	DM/Monat	kalkulatorische Zinsen
L	Stück	Mindestlosgröße
M		Maschine
m		maximale Anzahl Werkstücktypen
MGK	DM	Materialgemeinkosten
n		maximale Anzahl Fertigungsablaufvarianten je Werkstücktyp
p	%	Zinssatz
P	KW	Motorleistung
PB	Stück	Periodenbedarf
PPS		Produktionsplanung und -steuerung
q	Stück	Losgröße
r	Stück	Anzahl Aufträge, die nach einer Fertigungsablaufvariante hergestellt werden
R	1/Periode	Auflagehäufigkeit eines Werkstücks im Planungszeitraum
R_z	mm	Rauhtiefe
s		Anzahl fremdbezogener Lose
t_a	min	Ausführungszeit
t_e	min	Zeit je Einheit
t_l	min	Liegezeit
t_{NG}	Jahr	Geplante Nutzungsdauer bei Gebrauchsverschleiß
t_{NZ}	Jahr	Geplante Nutzungsdauer bei Zeitverschleiß
t_r	min	Rüstzeit
t_t	min	Transportzeit
T_D	min	Auftragsdurchlaufzeit

Zeichen	Einheit	Bedeutung
T_{GK}	min	Kapazitätsobergrenze
v		maximale Anzahl Arbeitsvorgänge je Fertigungsablaufvariante
w	Stück	Anzahl Werkstücke, die nach einer Fertigungsablaufvariante hergestellt werden
W	DM	Wiederbeschaffungspreis
WS		Werkstück
WZ		Werkzeug
Z		Zusatzbearbeitungselement

1   Einleitung

Die marktbedingte Dynamik des Produktionsprogramms[1] eines Unternehmens wirkt sich u.a. auch auf die Lebensdauer der Produkte aus. Für erfolgreiche Werkzeugmaschinenhersteller beispielsweise gilt schon heute, daß über 35 % des Umsatzes mit Produkten erzielt werden, die nicht älter als 2 Jahre sind /1/. Die Lebensdauer der Produkte und damit der Zeitraum, für den der technische und zeitliche Kapazitätsbedarf exakt berechnet werden kann, ist somit um ein Vielfaches kürzer als die technisch mögliche Nutzungsdauer der benötigten Fertigungseinrichtungen (Bild 1).

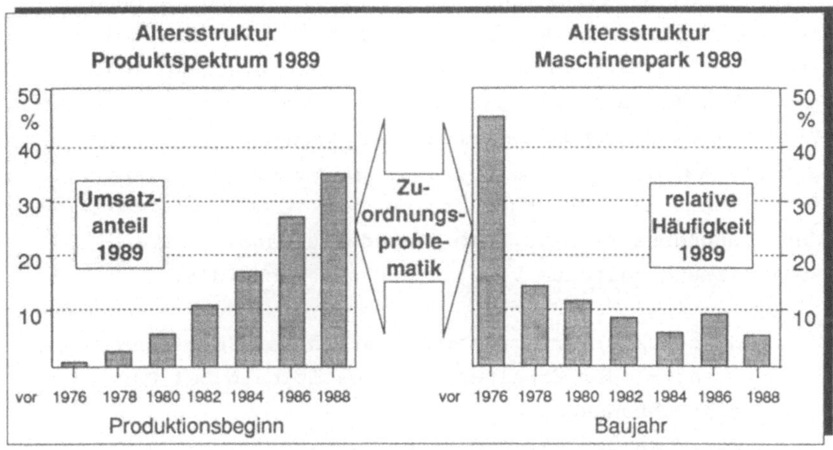

Bild 1: Beispielhafte Gegenüberstellung der Altersstruktur von Produktspektrum und Maschinenpark, nach /1/

Als Folge dieser Marktentwicklung kann sich das insbesondere in der Klein- und Mittelserienfertigung[2] in einem bestimmten

---

1 Eine Erhebung bei mehr als 300 Serienfertigern /2/ ergab, daß 2/3 aller befragten Unternehmen zukünftig mit einer deutlichen Erhöhung der Variantenvielfalt innerhalb ihres bestehenden Produktionsprogramms bei gleichbleibendem Produktionsvolumen rechnen.

2 Lediglich in der zunehmend an Bedeutung verlierenden Großserienfertigung können die Fertigungseinrichtungen noch speziell für ein eng begrenztes, über einen längeren Zeitraum hinweg konstantes Werkstückspektrum ausgelegt werden, mit der Konsequenz, daß die Fertigungseinrichtungen nach Auslauf der entsprechenden Produkte vollständig umgebaut oder sogar ausgemustert werden müssen /3/.

Planungszeitraum zu fertigende Produktionsprogramm prinzipiell aus drei, hinsichtlich ihres Alters unterschiedlichen Werkstückkategorien zusammensetzen. Neben Werkstücken, die bereits in der vorangegangenen Planungsperiode, allerdings oftmals mit anderen Losgrößen- oder Stückzahlvorgaben, bearbeitet wurden, können in einem betrachteten Zeitraum zusätzlich auch noch neuentwickelte Werkstücke und Ersatzteile für Produkte aus länger zurückliegenden Planungszeiträumen gefertigt werden müssen.

Mit jeder Veränderung in der Zusammensetzung eines Produktionsprogrammes ist auch eine Veränderung des zeitlichen und technischen Kapazitätsbedarfs einer Fertigung verbunden /4/. Um die Produktivität und Wirtschaftlichkeit einer Fertigung zu gewährleisten, sind die Unternehmen gezwungen, die Fertigungsabläufe den Bearbeitungsanforderungen des jeweiligen Produktionsprogramms bestmöglichst anzupassen /5/. Diese Anpassung kann, wie Bild 2 zeigt, grundsätzlich auf drei verschiedene Arten durchgeführt werden, die sich hinsichtlich der Planungshäufigkeit, dem Planungsaufwand und dem möglichen Realisierungszeitraum voneinander unterscheiden:

- Neustrukturierung/Reorganisation der Fertigung
- Ersatz- oder Erweiterungsinvestitionen bei Fertigungseinrichtungen
- Modifikation der Arbeitspläne

Eine grundlegende Möglichkeit, einen Abgleich der zeitlichen, stückzahlmäßigen und technologischen Anforderungen eines bestimmten Produktionsprogramms mit den entsprechenden Möglichkeiten der Bearbeitungs-, Materialfluß- und Informationseinrichtungen des betrachteten Fertigungsbereichs vorzunehmen, ist die vollständige Neustrukturierung[3]. Die Finanzkraft der meisten Unternehmen reicht jedoch nicht aus, sowohl

---

[3] Das Ergebnis dieser Neustrukturierung kann beispielsweise die Installation eines Flexiblen Fertigungssystems /6/, die Verwirklichung eines just-in-time Konzepts zur Auftragsabwicklung /7/ oder der Übergang zu einer durchgängig rechner unterstützten Informationsverarbeitung im Sinne eines computer integrated manufacturing (CIM) /8/ sein.

die Fertigungseinrichtungen als auch die Organisationsform der Fertigung im Sinne einer vollständigen Neuplanung den Anforderungen des jeweils aktuellen Produktionsprogramms anzupassen. Hinzu kommt erschwerend, daß aufgrund der hierfür erforderlichen, vorbereitenden Projektierungsarbeiten kurzfristig keine Rationalisierungserfolge erzielt werden können[4].

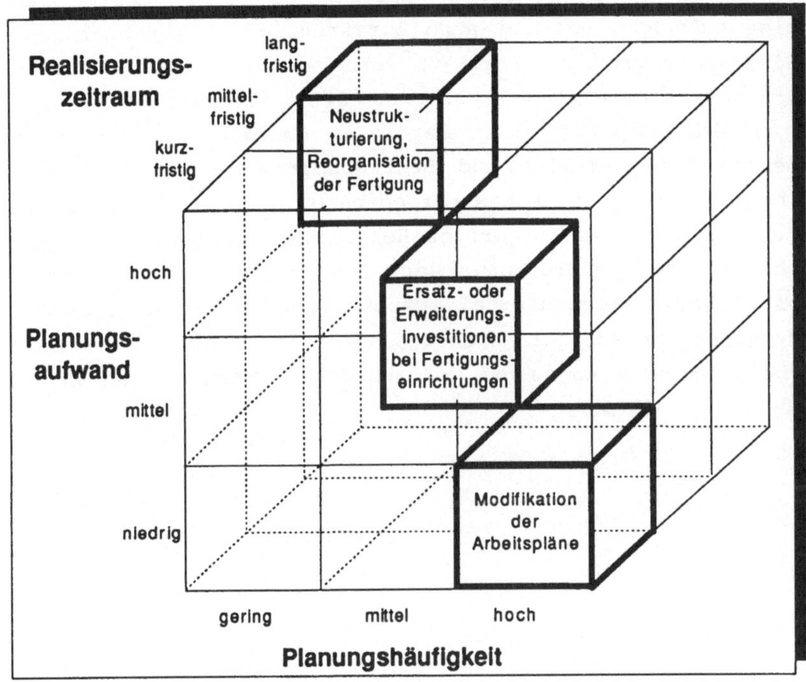

Bild 2: Möglichkeiten zur Anpassung einer bestehenden Fertigung an veränderte Produktionsprogramme

Eine weitaus rascher umzusetzende Maßnahme zur Anpassung der Flexibilität und Produktivität einer Teilefertigung an das Stückzahl- und Kapazitätsprofil des entsprechenden Werkstückspektrums ist die gezielte Beschaffung einzelner Werkzeugmaschinen. Insbesondere für die große Zahl kleinerer und mittlerer Unternehmen ist dies die einzige Möglichkeit, in

---

4 Wie Praxiserfahrungen belegen /9, 10/, erfordert beispielsweise die Planung und schrittweise Einführung eines Flexiblen Fertigungssystems je nach Systemgröße einen Zeitraum von 18 bis 48 Monaten.

Verbindung mit ohnehin anstehenden Ersatz- oder Erweiterungsinvestitionen eine schrittweise Umstrukturierung der bestehenden Teilefertigung vorzunehmen.

Sowohl durch eine eventuelle Neustrukturierung als auch durch
die Beschaffung zusätzlicher Werkzeugmaschinen ist das technische und zeitliche Kapazitätsangebot einer Fertigung jedoch
wiederum für einen längeren Zeitraum festgelegt /11/. Die
einzige Maßnahme, mit der auch kurzfristig auf Veränderungen
im Produktionsprogramm reagiert werden kann, ist die Modifikation der Arbeitspläne. Oberstes Ziel dieser Modifikation
muß es sein, die in einer Fertigung jeweils zur Verfügung
stehenden Arbeitskräfte und Betriebsmittel so einzusetzen,
daß bei der Fertigung eines vorgegebenen Produktionsprogramms
in der Summe möglichst geringe Herstellkosten oder Auftrags-
durchlaufzeiten entstehen. Der Handlungs- und Entschei-
dungsspielraum liegt hierbei insbesondere in der im Arbeitsplan eines Werkstücks niedergelegten Zuordnung einzelner
Bearbeitungsaufgaben zu den vorhandenen Fertigungseinrichtungen.

2 Anpassung von Arbeitsplänen an veränderte Produktions- programme durch Variation der Verfahrensteilung

2.1 Gestaltungsmöglichkeiten der Verfahrensteilung

Bei der Festlegung, welche Bearbeitungsaufgaben eines Werkstücks auf welchen der vorhandenen Fertigungseinrichtungen ausgeführt werden sollen, bestehen heute aufgrund der Entwicklungsarbeiten der Werkzeugmaschinenhersteller vielfältige Zuordnungsmöglichkeiten /12, 13/. Neben den klassischen Werkzeugmaschinengattungen, die im allgemeinen für ein bestimmtes Fertigungsverfahren wie Drehen, Fräsen oder Schleifen ausgelegt sind, bieten die Werkzeugmaschinenhersteller inzwischen neuentwickelte Maschinen an, die es erlauben, verschiedenartigste Bearbeitungsaufgaben in einer Werkstückaufspannung zusammenzufassen und damit die Anzahl der zur Herstellung eines Werkstücks erforderlichen Aufspannungen zu senken /14, 15/.

Analysiert man die Ausführungsformen dieser zur sogenannten Komplettbearbeitung von Werkstücken /16/ entwickelten Werkzeugmaschinen, so soll prinzipiell unterschieden werden zwischen der Mehrverfahrensbearbeitung und der Mehrseitenbearbeitung von Werkstücken (Bild 3). Bei der **Mehrverfahrensbearbeitung** können an einem Werkstück in einer Aufspannung zwei oder mehr unterschiedliche Fertigungsverfahren in frei wählbarer Reihenfolge angewendet werden. Kennzeichen der **Mehrseitenbearbeitung** ist, daß ein Werkstück auf einer Maschine ohne Eingreifen des Bedienpersonals an mindestens zwei gegenüberliegenden Flächen mit demselben Fertigungsverfahren bearbeitet werden kann. Die beim heutigen Entwicklungsstand von Werkzeugmaschinen bestehenden Gestaltungsmöglichkeiten von Fertigungsabläufen durch Mehrverfahrens- bzw. Mehrseitenbearbeitung veranschaulicht Bild 4 am Beispiel eines rotationssymmetrischen Werkstücks.

Geht man von der aufgezeigten Notwendigkeit einer Anpassung der Fertigungsabläufe an die Zusammensetzung des aktuellen Produktionsprogramms aus, so muß im Zuge der Arbeitsplaner-

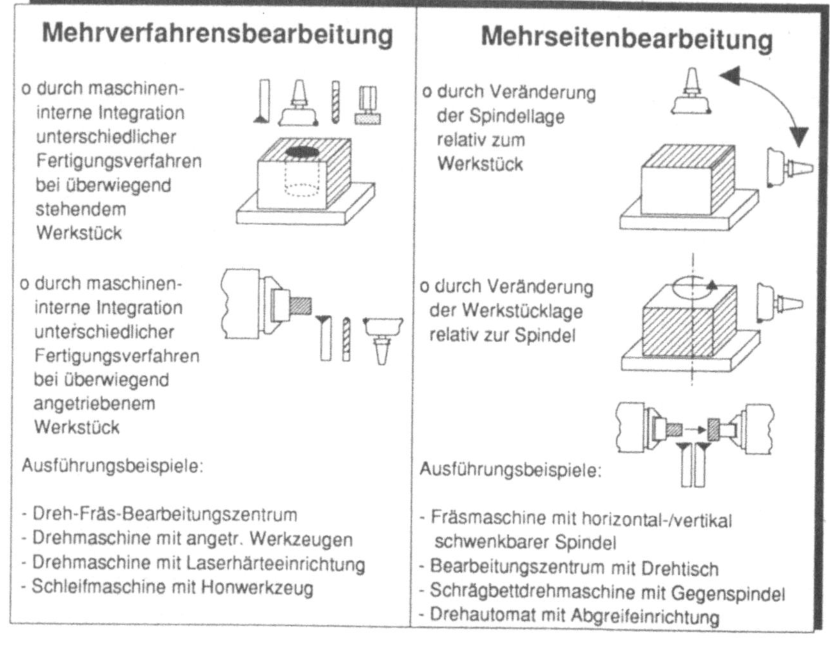

Bild 3: Mehrverfahrens- und Mehrseitenbearbeitung in der spanenden Teilefertigung

stellung unter Berücksichtigung der zur Verfügung stehenden Maschinen festgelegt werden, ob einzelne Bearbeitungsaufgaben eines Werkstücks auf einer verfahrensspezialisierten Werkzeugmaschine durchgeführt werden sollen, oder ob hierfür auch eine Maschine mit der Möglichkeit der Mehrverfahrensbearbeitung bzw. Mehrseitenbearbeitung in Frage kommt. Dieser, in der Vergangenheit oftmals unberücksichtigte Planungsschritt soll als **Verfahrensteilung** bezeichnet werden. Durch den Begriff Verfahrensteilung soll zum Ausdruck kommen, daß die Fertigung eines Werkstücks unter Berücksichtigung fertigungstechnischer Restriktionen in einzelne Bearbeitungsaufgaben untergliedert wird, die anschließend wiederum einzelnen Fertigungseinrichtungen zugeordnet werden müssen.

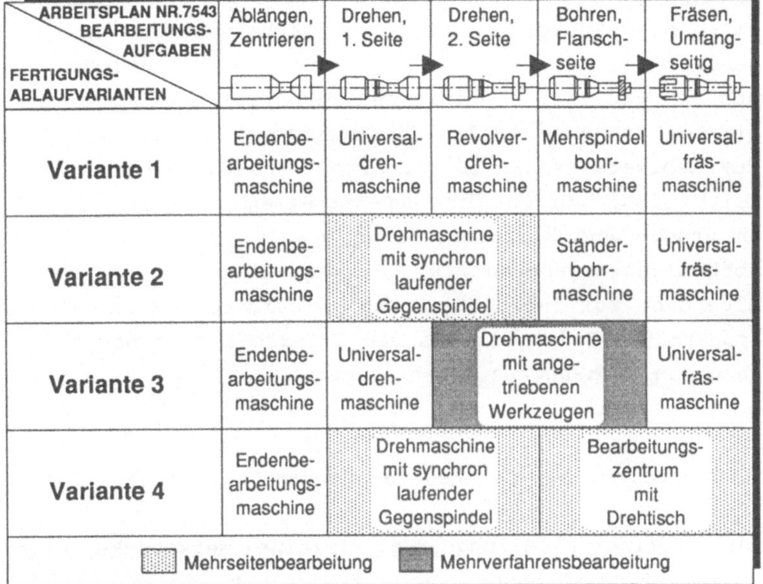

ARBEITSPLAN NR.7543 / BEARBEITUNGSAUFGABEN / FERTIGUNGS-ABLAUFVARIANTEN	Ablängen, Zentrieren	Drehen, 1. Seite	Drehen, 2. Seite	Bohren, Flanschseite	Fräsen, Umfangseitig
Variante 1	Endenbearbeitungsmaschine	Universaldrehmaschine	Revolverdrehmaschine	Mehrspindelbohrmaschine	Universalfräsmaschine
Variante 2	Endenbearbeitungsmaschine	Drehmaschine mit synchron laufender Gegenspindel		Ständerbohrmaschine	Universalfräsmaschine
Variante 3	Endenbearbeitungsmaschine	Universaldrehmaschine	Drehmaschine mit angetriebenen Werkzeugen		Universalfräsmaschine
Variante 4	Endenbearbeitungsmaschine	Drehmaschine mit synchron laufender Gegenspindel		Bearbeitungszentrum mit Drehtisch	

Bild 4: Unterschiedliche Zuordnungsmöglichkeiten von Bearbeitungsaufgaben zu Werkzeugmaschinen

Ziel der Verfahrensteilung ist es, die Arbeitspläne der Werkstücke so zu gestalten, daß ein zeitlich oder wirtschaftlich optimaler Durchlauf der zugehörigen Fertigungsaufträge bei einer vorgegebenen Organisationsform der Fertigung und einem vorgegebenen Bestand an Fertigungseinrichtungen erzielt wird[5].

Die Notwendigkeit einer Planung der Verfahrensteilung besteht im Prinzip bei allen Werkstücken, deren Fertigungsaufgaben alternativ unterschiedlichen Fertigungseinrichtungen zugeordnet werden können. Geht man von den in DIN 8580 /17/ aufgeführten Fertigungsverfahren aus, so ist es in erster Linie

---

5 Im Gegensatz zur Gestaltung der Arbeitsteilung /21/ werden bei der Festlegung der Verfahrensteilung keine mitarbeiterbezogenen Aspekte, beispielsweise im Sinne einer Arbeitsbereicherung /22/ berücksichtigt, da von einer gewachsenen Fertigung mit einem vorhandenen Potential an Mitarbeitern und fest vorgegebenen Aufgaben und Verantwortlichen ausgegangen wird.

bei trennenden Fertigungsverfahren technisch möglich und sinnvoll, die Zuordnung einzelner Arbeitsgänge zu entsprechenden Fertigungseinrichtungen zu variieren. Während für das nach DIN 8589 /18/ definierte Spanen mit bestimmter bzw. unbestimmter Schneide zahlreiche Maschinen mit der Möglichkeit zur Mehrverfahrens- oder Mehrseitenbearbeitung am Markt erhältlich sind, werden für das Zerteilen mit Ausnahme von einigen Stanz- und Nibbelmaschinen derartige Maschinen bislang noch nicht angeboten /19, 20/. Aus diesem Grunde werden im folgenden zur Verdeutlichung bestimmter Sachverhalte schwerpunktmäßig Beispiele aus dem Bereich der spanenden Bearbeitung von Werkstücken herangezogen.

2.2 Teilprobleme bei der Festlegung der Verfahrensteilung

Soll die Verfahrensteilung für einzelne Werkstücke eines vorgegebenen Produktionsprogramms festgelegt werden, so müssen die Auswirkungen unterschiedlicher Formen der Verfahrensteilung auf den zeitlichen und organisatorischen Auftragsdurchlauf sowie auf die damit verbundenen Fertigungskosten bekannt sein.

Aufgrund der aufwendigeren konstruktiven Ausführung mit zusätzlichen Maschinenachsen und -antrieben sowie einer vom Funktionsumfang her erweiterten Maschinensteuerung beträgt der Anschaffungspreis von Werkzeugmaschinen zur Mehrverfahrens- bzw. Mehrseitenbearbeitung derzeit noch bis zum Zweifachen des Preises klassischer, mehr verfahrensspezialisierter Werkzeugmaschinen /23/. Die Folge hiervon ist zum einen ein gesteigertes Investitionsrisiko für die Unternehmen, zum anderen liegt der bei einer Vollkostenrechnung zugrundegelegte Maschinenstundensatz /24/ dieser Werkzeugmaschinen deutlich höher. In Abhängigkeit von der Auslegung der Maschinenantriebe und Werkzeugsysteme kann darüber hinaus bei Maschinen zur Mehrverfahrensbearbeitung die für einzelne Bearbeitungsoperationen benötigte Zeit größer sein als bei verfahrensspezialisierten Werkzeugmaschinen.

Den zumindest teilweise höheren Maschinenstundensätzen und Bearbeitungszeiten von Maschinen zur Mehrverfahrens- bzw. Mehrseitenbearbeitung stehen jedoch zahlreiche Einsparungsmöglichkeiten und Vereinfachungen bei der späteren Abwicklung eines entsprechenden Fertigungsauftrags gegenüber. Im Vergleich zu einer stark verfahrensteiligen Fertigung kann bezogen auf den jeweiligen Fertigungsauftrag, durch die Zusammenfassung mehrerer Bearbeitungsaufgaben auf einer Werkzeugmaschine mit vergrößertem Einsatzspektrum

- der Aufwand für die Bereitstellung von Werkzeugen, Vorrichtungen und Meß- bzw. Prüfmitteln,
- die Nacharbeits- und Ausschußquote,
- der Qualitätssicherungsaufwand,
- der Handhabungs- und Transportaufwand,
- der Rüstaufwand,
- der Werkstattsteuerungsaufwand,
- die Gesamtdurchlaufzeit sowie
- der Halbfabrikatebestand

oftmals erheblich gesenkt werden /25, 26/.

Aufgrund der vielfältigen, oftmals gegenläufigen oder in ihrem Einfluß, beispielsweise auf die Wirtschaftlichkeit einer Fertigung unterschiedlich zu gewichtenden Auswirkungen der Verfahrensteilung, herrscht bei den Unternehmen eine große Unsicherheit bei der Festlegung der für ein gegebenes Produktionsprogramm optimalen Verfahrensteilung. Die Schwierigkeit besteht für den Fertigungsplaner darin, für die einzelnen Werkstücke die Auswirkungen unterschiedlicher Formen der Verfahrensteilung exakt vorherzusagen und die aus unterschiedlichen Fertigungsablaufvarianten resultierenden Zeit- und Kostendifferenzen eines zugehörigen Fertigungsdurchlaufs quantifizieren zu können.

Da die Kapazitäten der zur Verfügung stehenden Fertigungseinrichtungen begrenzt sind, stehen die Unternehmen vor dem zusätzlichen Problem, für jedes Werkstück diejenige Verfahrensteilung bestimmen zu müssen, die unter Berücksichtigung der

Kapazitätskonkurrenz mit anderen Werkstücken in der Summe zu
den niedrigsten Durchlaufzeiten oder Fertigungskosten führt.
Wird für jedes Werkstück getrennt die vermeintlich optimale
Verfahrensteilung ermittelt, werden Kapazitätsengpässe erst
zu dem Zeitpunkt offensichtlich, zu dem die Fertigungssteuerung für ein vorgebenes Produktionsprogramm eine Kapazitäts-
und Terminplanung durchführt. Durch eine vorausschauende Ka-
pazitätsbetrachtung bereits bei der Festlegung der Verfahrensteilung könnte vermieden werden, daß bei einzelnen, in
der Regel besonders wirtschaftlichen Maschinen Kapazitätsbe-
lastungen von mehreren hundert Prozent auftreten, die nur
abgebaut werden können, indem bestimmte Werkstücke bzw. Arbeitsgänge auf sogenannte Ausweichmaschinen verlagert werden.
Hierbei spielen allerdings in der Regel ausschließlich technische Gesichtspunkte eine Rolle /27/.

Die Aufgabe für die Unternehmen muß darin bestehen, die
Verfahrensteilung aller in einer bestimmten Periode zu fertigenden Werkstücke unter Berücksichtigung des aktuellen Kapa-
zitätsangebots der zur Verfügung stehenden Fertigungseinrichtungen so festzulegen, daß ein möglichst hoher Anteil der
Arbeitspläne von der Fertigungssteuerung unverändert umgesetzt werden kann. Um der Zielsetzung einer optimalen Nutzung
der vorhandenen Fertigungseinrichtungen auch bei kurzfristig
auftretenden Veränderungen des Produktionsprogramms gerecht
zu werden, darf die Verfahrensteilung im Rahmen der Reihenfolgeplanung nicht einmalig festgelegt werden, sondern muß
von Planungsperiode zu Planungsperiode in Abhängigkeit von
den jeweils maßgebenden Stückzahlvorgaben überprüft bzw.
verändert werden.

Im folgenden soll nun untersucht werden, in welcher Form die
vielfältigen Einflüsse der Verfahrensteilung auf den späteren
Fertigungsdurchlauf eines Werkstücks im Rahmen der Arbeitsplanerstellung derzeit bereits berücksichtigt werden.

Der Arbeitsplan eines Werkstücks wird üblicherweise in fünf aufeinander aufbauenden Planungsschritten /28/ erstellt (Bild 5). Ausgehend von der Konstruktionszeichnung eines Werkstücks werden zunächst die Rohteileart und -abmessungen festgelegt. Ziel des zweiten Planungsschritts ist es, die Reihenfolge einzelner Arbeitsvorgänge festzulegen, durch die ein Werkstück durch schrittweises Verändern der Form- und/oder Stoffeigenschaften vom Rohzustand in den Fertigzustand überführt werden soll. In diesem Planungsschritt sind deshalb zunächst alle in einer bestehenden Fertigung technologisch möglichen Arbeitsvorgangsfolgen aufzustellen, bevor anschließend unter

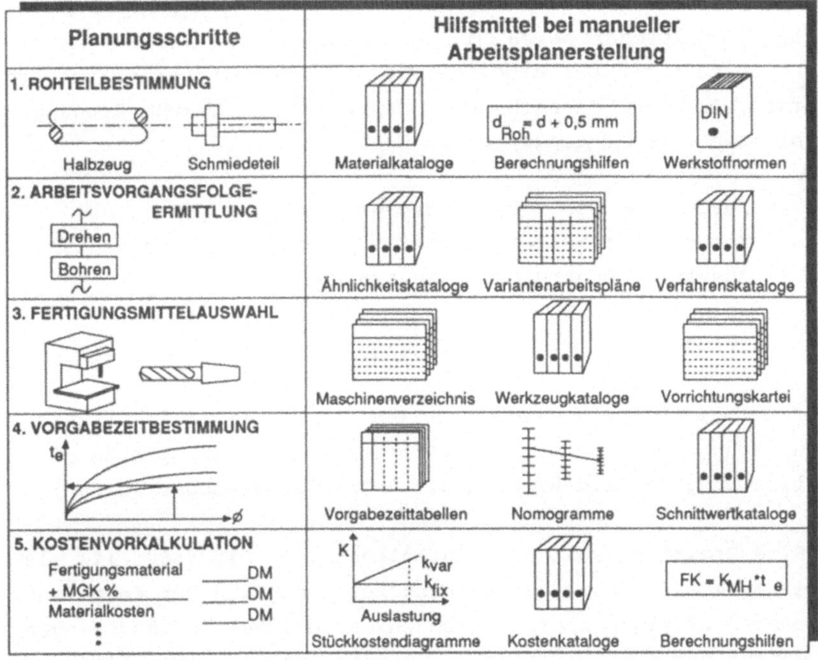

Bild 5: Planungsschritte und Hilfsmittel der manuellen Arbeitsplanerstellung

Berücksichtigung von Fertigungslosgrößen und -stückzahlen die wirtschaftlich günstigste ausgewählt wird /29/. Im dritten Planungsschritt werden für jeden Arbeitsvorgang die benötigten Fertigungseinrichtungen, Werkzeuge und Vorrichtungen ausgewählt. Auf dieser Grundlage werden im nächsten Schritt dann die Vorgabezeiten eines Werkstücks errechnet, die u.a. die Basis für die Kapazitäts- und Terminplanung der Fertigungssteuerung bilden. Abschließend (Planungsschrit 5) werden in einer Vorkalkulation noch die bei der Herstellung dieses Werkstücks voraussichtlich anfallenden Material- und Fertigungskosten berechnet.

Aus dieser Gliederung der Tätigkeiten zur Arbeitsplanerstellung geht hervor, daß über die Verfahrensteilung eines Werkstücks im wesentlichen bereits im Planungsschritt 2 "Arbeitsvorgangsfolgeermittlung" sowie im Planungsschritt 3 "Fertigungsmittelauswahl" entschieden wird. Zur Beantwortung der Frage, in welcher Weise die Auswirkungen der Verfahrensteilung derzeit bei der Arbeitsplanerstellung mit berücksichtigt werden, ist es deshalb ausreichend, die in den Planungsschritten 2 und 3 eingesetzten Methoden und Hilfsmittel zur

- Herleitung von Arbeitsvorgangsfolgen,
- Kostenermittlung von Arbeitsvorgangsfolgen sowie zur
- Auswahl von Arbeitsvorgangsfolgen

zu untersuchen.

Zur detaillierten Beschreibung der einzelnen Tätigkeiten zur Festlegung von Arbeitsvorgangsfolgen sollen, entsprechend der Darstellung in Bild 6, folgende Begriffe verwendet werden:

- Eine **Operation** soll hier in Anlehnung an DIN 8580 /17/ als eine Veränderung eines Werkstückes bezüglich der Form- und/ oder Stoffeigenschaften gesehen werden. Bei Formänderungen entspricht der Operation die Bearbeitung, die mit einem Werkzeug ausgeführt werden kann.

- Ein **Teilarbeitsvorgang** umfaßt die Operationen, die in "einer definierten Spannlage" auf einer Maschine bei gleichen und/oder wechselnden Bearbeitungsverfahren bzw. an einem Handarbeitsplatz ausgeführt werden.

- Ein **Arbeitsvorgang** entspricht einer Zusammenfassung von Teilarbeitsvorgängen, die aufgrund von fertigungstechnischen und organisatorischen Abhängigkeiten ohne zwischenzeitlichen Wechsel der Maschine bzw. des Arbeitsplatzes zusammenhängend auszuführen sind. Ein Arbeitsvorgang bezieht sich demnach auf "einen Arbeitzsplatz", der sowohl Hand-, Prüf-, oder Maschinenarbeitsplatz sein kann.

- Mehrere, konkurrierende Arbeitsvorgangsfolgen eines Werkstücks mit unterschiedlicher Verfahrensteilung sollen hier als **Fertigungsablaufvarianten** bezeichnet werden.

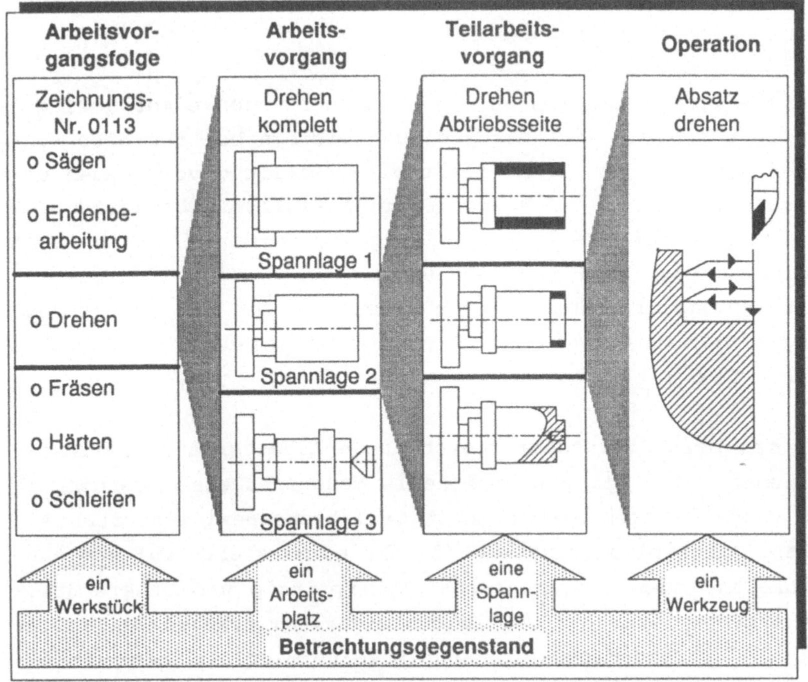

Bild 6: Begriffe zur Beschreibung der Zuordnung von Bearbeitungsaufgaben zu Fertigungseinrichtungen

3.1 Planung von Arbeitsvorgangsfolgen

Eine Analyse verschiedener Unternehmen des Maschinenbaus /30/ zeigt, daß im Bereich der Serienfertigung für 90 % aller Werkstücke die Arbeitspläne in Form einer Ähnlichkeits- oder Variantenplanung erstellt werden. Hierbei orientiert sich der Planer bei der Festlegung der Arbeitsvorgangsfolgen und der Fertigungsmittelauswahl an im jeweiligen Unternehmen entwickelten Ähnlichkeitskatalogen oder an vorgefertigten Variantenarbeitsplänen, die entsprechend den aktuellen Werkstückabmessungen und -genauigkeiten vom Arbeitsplaner noch modifiziert werden. Die Arbeitsvorgangsfolge wird dabei als fest vorgegeben angesehen. Sollten für einzelne Arbeitsvorgänge alternative Zuordnungsmöglichkeiten bestehen, wird nach technischen und wirtschaftlichen Kriterien, beispielsweise mit Hilfe von Relativkostenkatalogen /31/, unabhängig von anderen Arbeitsvorgängen eine Entscheidung über die relativ gesehen beste Zuordnung von Bearbeitungsaufgabe und Fertigungseinrichtung getroffen.

Die zeitlichen und kostenmäßigen Auswirkungen einer geringeren oder höheren Verfahrensteilung bleiben bei der beschriebenen Art der manuellen Arbeitsplanerstellung vollkommen unberücksichtigt. Das fehlende Problembewußtsein bezüglich der Festlegung der Verfahrensteilung dokumentiert sich auch darin, daß der Arbeitsplaner derzeit nur ca. 8 - 10 % des Gesamtplanungsaufwandes für ein Werkstück für die Arbeitsvorgangsfolgenermittlung und Fertigungsmittelauswahl aufwendet /32/.

Bei den meisten rechnerunterstützten Arbeitsplanerstellungssystemen wurde die konventionelle Vorgehensweise übernommen. Die derzeit verfügbaren, meist verfahrensspezialisierten Arbeitsplanerstellungssysteme /33 bis 40/ basieren auf dem Ähnlichkeits- oder Variantenarbeitsplanprinzip und unterstützen den Arbeitsplaner nur bei leicht algorithmierbaren Teilaufgaben wie Werkzeugauswahl, Schnittwertermittlung oder Stückzeitberechnung. Eine rechnerunterstützte Arbeitsvorgangsfol-

geermittlung ist dabei bisher nicht realisiert, die Vorgabe
der Arbeitsvorgangsfolge erfolgt im Dialog mit dem Planer.

Auch bei den in jüngster Zeit entwickelten Arbeitsplanerstellungssystemen auf Expertensystembasis /41, 42/ werden die gegenüber herkömmlichen Arbeitsplanerstellungssystemen ver-
größerten Möglichkeiten einer rechnerinternen Verarbeitung
von Fakten- und Regelwissen des Arbeitsplaners noch nicht zur
Generierung von Arbeitsvorgangsfolgen mit unterschiedlich
ausgeprägter Verfahrensteilung genutzt.

Aus der Vielzahl an wissenschaftlichen Arbeiten und Untersuchungen zum Problemkreis der Arbeitsplanerstellung in der
spanenden Teilefertigung sei zunächst die von LUEG /43/ entwickelte Systematik zur Zuordnung von Arbeitsvorgängen zu
Werkzeugmaschinen genannt. Die Systematik baut auf einem Vergleich der mit Hilfe eines Klassifizierungssystems beschriebenen Bearbeitungsanforderungen eines Werkstücks mit den
gleichermaßen verschlüsselten Bearbeitungsmöglichkeiten der
zur Verfügung stehenden Werkzeugmaschinen auf. Die Auswahl
unter mehreren alternativ für einen Arbeitsvorgang ein-
setzbaren Maschinen wird mit Hilfe einer Bewertungsmatrix
vorgenommen, in der ausschließlich den Zerspanungsvorgang be-
wertende Kriterien Berücksichtigung finden.

Grundlage des von GRAALMANN /44/ entwickelten Systems zur
automatischen Ermittlung von Arbeitsvorgangsfolgen ist eine
analytische Beschreibung des Bearbeitungsprozesses. Der Bearbeitungsumfang der vom Arbeitsplaner definierten Teilarbeitsvorgänge eines Werkstücks wird jedoch für alle Planungsschritte als fest vorgegeben angesehen.

Auch das von RUOFF /45/ vorgestellte Verfahren zur Arbeitsplanerstellung setzt voraus, daß der Arbeitsinhalt jedes Arbeitsvorgangs vor Beginn der eigentlichen Arbeitsplanerstellung mit Hilfe eines Klassifizierungsschlüssels detailliert
beschrieben wird.

ZONS /46/ legt seinem Verfahren zur rechnerunterstützten Ermittlung von Arbeitsvorgängen empirisch ermittelte Standardarbeitsvorgangsfolgen zugrunde. Entscheidend für die Maschinenzuordnung ist die optimale Nutzung der technischen Leistungsfähigkeit einer Werkzeugmaschine, die zu erwartende zeitliche Kapazitätsauslastung der Fertigungseinrichtungen durch ein bestimmtes Produktionsprogramm bleibt unberücksichtigt.

Bei dem von VUTZ /47/ erarbeiteten System zur Arbeitsplanerstellung wird die Reihenfolgeplanung auf die rechnerunterstützte Ermittlung von Zwangsfolgen einzelner Arbeitsvorgänge aufgrund von geometrischen oder technologischen Restriktionen zurückgeführt. Eine Variation der Arbeitsvorgangsfolge hinsichtlich einer Mehrverfahrens- oder Mehrseitenbearbeitung wird jedoch auch hier noch nicht vorgenommen.

SPATKE /48/ hat eine Vorgehensweise erarbeitet, die es erlaubt, die Belange einer automatisierten Werkstückhandhabung bereits während der Arbeitsplanerstellung zu berücksichtigen. Durch eine entsprechende Rohteilauswahl und Abstimmung der einzelnen Bearbeitungsoperationen soll erreicht werden, daß Greif- oder Positionierflächen am Werkstück über den gesamten Fertigungsablauf hinweg weitestgehend unverändert bleiben.

Die Analyse der Methoden und Hilfsmittel zur Ermittlung von Arbeitsvorgangsfolgen zeigt somit, daß die Festlegung der Verfahrensteilung bisher nicht als eigenständige Planungsaufgabe bei der Arbeitsplanerstellung berücksichtigt wird. Insbesondere wird eine systematische Variation der ursprünglich festgelegten Arbeitsvorgangsfolge bezüglich der Reihenfolge oder der Zusammenfassung einzelner Arbeitsvorgänge nicht unterstützt. Die in der Vergangenheit vorgestellten Methoden zur Fertigungsmittelauswahl sind meist nur für ein bestimmtes Fertigungsverfahren entwickelt worden, und nicht in der Lage, die inzwischen erweiterten Bearbeitungsmöglichkeiten von Werkzeugmaschinen zur Mehrverfahrens- oder Mehrseitenbearbeitung im Auswahlprozeß entsprechend abzubilden.

3.2   Kostenermittlung von Arbeitsvorgangsfolgen

Kommen für die Herstellung eines Werkstücks verschiedene Arbeitsvorgangsfolgen in Frage oder stehen für einen bestimmten
Arbeitsvorgang mehrere Fertigungseinrichtungen zur Auswahl,
so wird in der betrieblichen Praxis meist ein Verfahrensvergleich auf Stückkostenbasis /49/ vorgenommen. Hierzu wird im
allgemeinen eine Maschinenstundensatzrechnung /50/ durchgeführt, die jedoch, wie Bild 7 veranschaulicht, stärker ver-
fahrensteilige Arbeitsvorgangsfolgen favorisiert. Neben einer

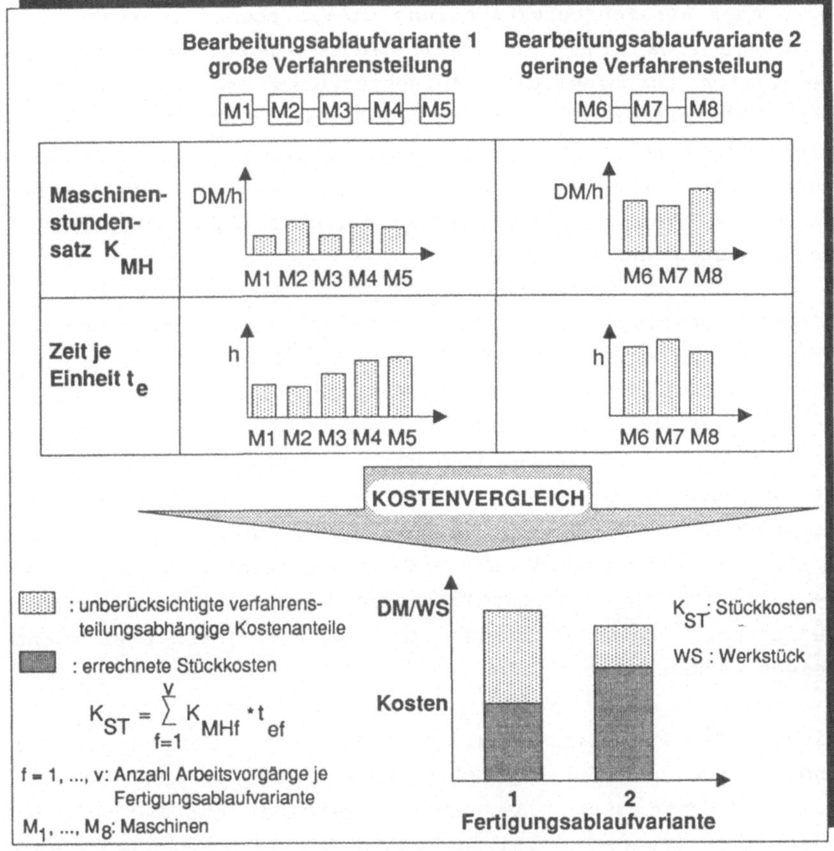

$$K_{ST} = \sum_{f=1}^{v} K_{MHf} \cdot t_{ef}$$

**Bild 7: Praktizierte Kostenvergleichsrechnung für Bearbeitungs-
ablaufvarianten unterschiedlicher Verfahrensteilung**

vielfach höheren Gesamtbearbeitungszeit weisen Werkzeugmaschinen mit vergrößertem Einsatzspektrum aufgrund ihrer Anschaffungskosten einen vergleichsweise hohen Maschinenstundensatz auf, so daß bei einem Verfahrensvergleich auf Stückkostenbasis die Arbeitsplanvariante mit hoher Verfahrensteilung kostengünstiger erscheint als diejenige mit einer geringeren bzw. minimierten Verfahrensteilung.

Bei einem derartigen Stückkostenvergleich zwischen mehreren Fertigungsablaufvarianten bleiben die kostenmäßigen Auswirkungen unterschiedlicher Formen der Verfahrensteilung weitestgehend unberücksichtigt. Ein auf eine bestimmte Verfahrensteilung zurückzuführender Mehraufwand für Werkstücktransport oder Werkzeugbereitstellung bleibt ebenso unberücksichtigt wie etwa eine reduzierte Kapitalbindung infolge einer verkürzten Durchlaufzeit. Zurückzuführen ist dies auf die mangelnde Differenzierung von fixen und variablen Anteilen einzelner Kostenarten, sowie auf die nicht verursachungsgerechte Verrechnung der tatsächlichen Einzel- und Gemeinkosten in der bei Verfahrensvergleichen üblicherweise praktizierten Vollkostenrechnung /51/.

Die Fragestellung einer optimalen Verfahrensteilung im Fertigungsbereich wird bisher im Rahmen der Kostenrechnung methodisch nicht behandelt. Wie die Analyse der bekannten Kostenrechnungsysteme zeigt, finden bisher die für unterschiedliche Formen der Verfahrensteilung charakteristischen Kostenarten in gängigen Verfahren der Kostenstellen- bzw. Kostenträgerrechnung keine Berücksichtigung. In der Literatur wird die Ansicht vertreten, daß "die auf unterschiedliche Formen der Verfahrensteilung zurückzuführenden Kostenwirkungen mangels gesicherter Methoden bisher nur prognostiziert, aber nicht belegt werden können" /52/.

Mit dem Problem einer verursachungsgerechten Kostenerfassung und -verrechnung bei kapitalintensiven Fertigungseinrichtungen, zu denen auch alle Werkzeugmaschinen zur Mehrseiten- oder Mehrverfahrenbearbeitung zu zählen sind, beschäftigten sich in jüngster Zeit jedoch mehrere wissenschaftliche Untersuchungen /53 bis 56/. Die hierbei entwickelten Methoden sind allerdings schwerpunkmäßig auf die wirtschaftliche Rechtfertigung von Automatisierungsgrad und Flexibilität kapitalintensiver Fertigungseinrichtungen, wie beispielsweise flexibler Fertigungszellen oder flexibler Fertigungssysteme ausgerichtet.

So entwickelt PLATT /57/, ausgehend von einer empirischen Kostenanalyse realisierter flexibler Fertigungssysteme, Lösungsansätze für eine verursachungsgerechte Kostenartenrechnung und schlägt eine Erweiterung derselben um zusätzliche Kostenarten wie Software- oder Ausbildungskosten vor.

Die Möglichkeiten rechnergestützter Betriebsdatenerfassungssysteme nutzt KNOOP /58/, um aufbauend auf einer modifizierten Kostenstellengliederung die Kosten einzelner Aufträge in Abhängigkeit von der tatsächlichen Inanspruchnahme einzelner Bearbeitungs- und Materialflußkomponenten eines flexiblen Fertigungssystems verursachungsgerecht ermitteln zu können.

Das von SCHMIDT /59/ am Beispiel flexibler Fertigungssysteme hergeleitete Kostenmodell zur Bewertung von rechnerunterstützten Produktionsabläufen beruht ebenfalls auf der Verwendung vorhandener Arbeitsplandaten. Die Auswahl zwischen Arbeitsvorgangsfolgen mit unterschiedlicher Verfahrensteilung wird jedoch auch durch dieses Kostenmodell nicht unterstützt.

3.3   Auswahl von Arbeitsvorgangsfolgen

Nach einer Untersuchung in /60/ sind in der Regel ausschließlich die zuvor in Form einer Einzelbetrachtung errechneten Fertigungskosten ausschlaggebend für die Auswahl einer Arbeitsvorgangsfolge. Wie bereits in Abschnitt 3.2 gezeigt, werden bei dieser Berechnung die für die Auswirkungen der Verfahrensteilung spezifischen Kostenfaktoren jedoch nicht berücksichtigt.

Die gleichzeitige Berücksichtigung der Arbeitsvorgangsfolgen mehrerer Werkstücke im Auswahlprozeß erlauben dagegen aus dem Bereich des Operations Research[6] stammende Optimierungsverfahren.

Analysiert man die derzeit bekannten Optimierungsverfahren /62/, so muß aus Sicht der Verfahrensteilung jedoch festgestellt werden, daß für die Berechnung der optimalen Mischung unterschiedlicher Arbeitsvorgangsfolgen erhebliche Vereinfachungen getroffen werden.

So werden beispielsweise bei der von ANGERMANN /63/ vorgestellten Methode zur Verfahrensauswahl die Halbfabrikatebestände und der Transportaufwand zwischen einzelnen Fertigungsstufen ebenso vernachlässigt wie die Rüstzeiten der entsprechenden Fertigungseinrichtungen.

Das von VAZSONYI /64/ entwickelte Optimierungsverfahren ist auf zweistufige Fertigungsabläufe begrenzt, und unterstützt nur die Fertigungsmittelauswahl bei gleichen Arbeitsinhalten je Fertigungsstufe.

SANKARAN /65/ berücksichtigt in seinem Optimierungsansatz ausschließlich spanende Bearbeitungsoperationen und geht davon aus, daß für eine bestimmte Bearbeitungsaufgabe auf unterschiedlichen Fertigungseinrichtungen jeweils dieselben Rüst- und Bearbeitungszeiten angesetzt werden können.

Aufgrund dieser Einschränkungen besitzen derartige Optimierungsverfahren zur Auswahl alternativer Arbeitsvorgangsfolgen heute noch keine große Verbreitung in den Betrieben.

---

6 Unter dem Begriff "Operations Research" ist nach Definition von /61/ die Anwendung mathematischer Methoden zur Vorbereitung optimaler Entscheidungen zu verstehen. Diese Methoden erlauben es, unter Berücksichtigung der Kapazitätsrestriktionen der zur Verfügung stehenden Fertigungseinrichtungen, für ein gegebendes Produktionsprogramm diejenigen Arbeitsvorgangsfolgen auszuwählen, die je nach gewähltem Zielkriterium in der Summe zu den geringsten Fertigungkosten, der größten Produktionsmenge oder den kürzesten Durchlaufzeiten führen.

4 Zielsetzung

Ziel der vorliegenden Arbeit soll es sein, ein Verfahren zu entwickeln, das es erlaubt, ausgehend von den in einer Fertigung zur Verfügung stehenden Fertigungseinrichtungen die optimale Verfahrensteilung für ein in einem bestimmten Zeitraum zu fertigendes Produktionsprogramm festzulegen. Als optimal soll dabei diejenige Verfahrensteilung bezeichnet werden, bei der die Bearbeitungsaufgaben der einzelnen Werkstücke den vorhandenen Fertigungseinrichtungen so zugeordnet werden, daß in Abhängigkeit von den Zielsetzungen eines Unternehmens entweder in der Summe die geringsten Fertigungskosten oder die kürzesten Durchlaufzeiten auftreten.

Das Verfahren soll es ermöglichen,

- sämtliche für ein bestimmtes Werkstück mit den vorhandenen Fertigungseinrichtungen technologisch realisierbaren Fertigungsablaufvarianten systematisch herzuleiten,

- die Auswirkungen von Fertigungsablaufvarianten mit unterschiedlicher Verfahrensteilung hinsichtlich des späteren Fertigungsdurchlaufs eines Werkstücks zu quantifizieren, und

- unter allen realisierbaren Fertigungsablaufvarianten der in einem bestimmten Zeitraum zu fertigenden Werkstücke diejenigen auszuwählen, die zu einer aus Zeit- oder Kostensicht optimalen Nutzung der vorhandenen Fertigungseinrichtungen führen.

Treten bei der Optimierung der Verfahrensteilung eines vorgegebenen Produktionsprogramms bei einer oder mehreren Fertigungseinrichtungen Kapazitätsengpässe auf, so soll das Verfahren unter Beachtung der jeweiligen Lieferzeiten auch eine Entscheidung über den Fremdbezug einzelner Werkstücke im betrachteten Planungszeitraum unterstützen.

Die Anwendbarkeit des entwickelten Verfahrens zur Optimierung
der Verfahrensteilung ist anhand typischer industrieller
Aufgabenstellungen nachzuweisen. Die in einzelnen Planungsschritten eingesetzten Methoden und Hilfsmittel sollen in ihrem Aufbau allgemeingültig für die Optimierung der Verfahrensteilung in der Teilefertigung sein, die detaillierte Beschreibung einzelner Planungshilfsmittel soll am Beispiel eines abgegrenzten, in seiner Zusammensetzung für Produktionsprogramme im Bereich der spanenden Teilefertigung jedoch re-
präsentativen Teilespektrums vorgenommen werden.

5 Systematik eines Verfahrens zur Planung und Optimierung der Verfahrensteilung

5.1 Aufbau des Verfahrens

Die Form- bzw. Stoffeigenschaften eines Werkstücks können nur im Idealfall mit einem einzigen Teilarbeitsvorgang erreicht werden. Ein Beispiel hierfür ist das Drehen von Unterlegscheiben auf einem Stangendrehautomaten. Bei der überwiegenden Mehrzahl aller Werkstücke muß jedoch die gesamte Bearbeitungsaufgabe, die sich aus der Gegenüberstellung von Roh- und Fertigteil ergibt, in mehrere Teilarbeitsvorgänge aufgespalten werden. Kennzeichen der hieraus resultierenden Verfahrensteilung ist die Anzahl Teilarbeitsvorgänge, die zur Herstellung eines Werkstücks erforderlich sind, und der spezifische Bearbeitungsumfang der jeweiligen Teilarbeitsvorgänge.

Fertigungsablaufvarianten mit unterschiedlicher Verfahrensteilung können immer dann aufgestellt werden, wenn entweder die Bearbeitungsumfänge der Teilarbeitsvorgänge variiert werden können, oder wenn zumindest einzelne Teilarbeitsvorgänge alternativ auf mehreren unterschiedlichen Maschinenarten durchgeführt werden können. Die Planung und Optimierung der Verfahrensteilung ist somit im Prinzip ein Zuordnungsproblem[7]. Im Gegensatz zu den in der Literatur diskutierten Zuordnungsproblemen /66/ sind aufgrund der vielfältigen Form- und Stoffeigenschaften der Werkstücke die Zuordnungsalternativen jedoch nicht von vorne herein bekannt.

Für die Planung der Verfahrensteilung bedarf es somit einer Handlungsanleitung, wie die gesamte Bearbeitungsaufgabe in Einzelbearbeitungselemente aufzuspalten ist. Diese Einzelbe-

---

7 Als Zuordnungsproblem wird im allgemeinen bezeichnet, wenn Elemente einer Menge mit Elementen einer anderen Menge unter vorgegebenen Kriterien verknüpft werden sollen /67/. Jede Zuordnung stellt eine Alternative dar, die in der Regel durch ein unterschiedliches Verhältnis von Nutzen zu Aufwand gekennzeichnet ist. Die Lösung einer Zuordnungsaufgabe besteht in der Auswahl einer oder mehrerer geeigneter Alternativen.

arbeitungselemente müssen wiederum systematisch zu Teilarbeitsvorgängen zusammengefaßt werden, die anschließend den
zur Verfügung stehenden Fertigungseinrichtungen zugeordnet
werden können. Sowohl bei der Zusammenfassung von Einzelbearbeitungselementen, als auch bei der Zuordnung von Teilarbeitsvorgängen zu Fertigungseinrichtungen müssen fertigungstechnisch bedingte Abhängigkeiten in Form von Reihenfolgebeziehungen berücksichtigt werden. Um sicherzustellen, daß
sämtliche in einer Fertigung realisierbare Formen der Verfahrensteilung geplant werden, bedarf es einer Zuordnungssystematik, mit deren Hilfe aus den gebildeten Einzelbearbeitungselementen schrittweise Fertigungsablaufvarianten aufgebaut werden können.

Bevor für ein vorgegebenes Produktionsprogramm die optimale
Kombination an Fertigungsablaufvarianten ermittelt werden
kann, müssen die neuerstellten Fertigungsablaufvarianten hinsichtlich ihrer Auswirkungen auf den Fertigungsdurchlauf des
betreffenden Werkstücks bewertet werden. Die Bewertung erfordert die Abbildung des Auftragsdurchlaufs in einem Modell der
jeweiligen Fertigung, mit dessen Hilfe die auf die Verfahrensteilung zurückzuführenden Zeit- und Kostendifferenzen
zwischen den jeweiligen Bearbeitungsablaufvarianten forma-
lisiert ermittelt werden können.

Sind für alle in einem bestimmten Zeitraum zu fertigenden
Werkstücke die Zeit- und Kostenfaktoren bekannt, kann in ei-
nem abschließenden Planungsschritt mit Hilfe mathematischer
Optimierungsmethoden ermittelt werden, welche Kombination an
Fertigungsablaufvarianten zu der aus Durchlaufzeit- oder Ko-
stensicht optimalen Verfahrensteilung führt.

Bild 8 zeigt zusammenfassend die einzelnen Stufen des hier
entwickelten Verfahrens zur Planung und Optimierung der Verfahrensteilung.

1 Planung von Fertigungsablaufvarianten mit unterschiedlicher Verfahrensteilung

o Untergliederung der Bearbeitungsaufgabe in Einzelbearbeitungselemente
o Ermittlung technologischer Reihenfolgebeziehungen der Einzelbearbeitungselemente
o Ableitung von Fertigungsablaufvarianten, Variation der Verfahrensteilung

2 Bewertung der Fertigungsablaufvarianten

o Ermittlung verfahrensteilungsspezifischer Zeitanteile des Fertigungsdurchlaufs
o Ermittlung verfahrensteilungsspezifischer Kostenanteile des Fertigungsdurchlaufs

3 Auswahl der optimalen Kombination von Fertigungsablaufvarianten eines vorgegebenen Produktionsprogramms

o Berechnung der durchlaufzeit- oder kostenminimalen Verfahrensteilung
o Optimierung der Verfahrensteilung für Teile des Produktionsprogramms
nach verschiedenen Zielkriterien

Bild 8: Struktur eines Verfahrens zur Planung und Optimierung der Verfahrensteilung

5.2   Anforderungen an die Methoden und Hilfsmittel

5.2.1 Anforderungen an eine Planungssystematik für Fertigungsablaufvarianten

Die Handlungsanleitung zur Planung der Verfahrensteilung muß es erlauben, die gesamte Bearbeitungsaufgabe eines Werkstücks schrittweise und reproduzierbar in Einzelbarbeitungselemente aufzuspalten. Dabei ist zu fordern, daß diese Einzelbearbeitungselemente in der Summe lückenlos den gesamten Bearbeitungsablauf eines Werkstücks vom Rohteil bis zum Fertigteil beschreiben, und daß keine Überlappungen bei der Darstellung einzelner Bearbeitungszustände auftreten. Mit der Abarbeitung eines Einzelbearbeitungselements muß ein hinsichtlich Form- und/oder Stoffeigenschaften eindeutig definierter Bearbeitungszustand eines Werkstücks erreicht sein.

Da die Verfahrensteilung eines Werkstückes maßgeblich durch
die Anzahl und den Bearbeitungsumfang der einzelnen Teilarbeitsvorgänge bestimmt wird, müssen die Einzelbearbeitungselemente so definiert sein, daß der Bearbeitungsumfang einzelner Teilarbeitsvorgänge durch Zusammenfassung mehrerer
Einzelbearbeitungselemente schrittweise von einer stark verfahrensspezialisierten Zuordnung bis hin zu einer Mehrverfah-
rens- bzw. Mehrseitenbearbeitung variiert werden kann. Die
durch ein Einzelbearbeitungselement repräsentierte Bearbeitungsaufgabe muß daher unabhängig von den spezifischen Bearbeitungsmöglichkeiten einzelner Maschinenarten beschrieben
werden können, und darf keine Vorwegnahme einer bestimmten
Verfahrensteilung darstellen. Die Beschreibung beispielsweise
eines Wellenabschnitts, der eine Paßfedernut trägt, in einem
einzigen Einzelbearbeitungselement würde bereits eine Mehrverfahrensbearbeitung auf einer Drehmaschine voraussetzen,
und damit die Möglichkeiten zur Variation der Verfahrensteilung einschränken.

Die Aufspaltung einer Bearbeitungsaufgabe setzt ein einheit-
liches Beschreibungssystem für die Einzelbearbeitungselemente
voraus. Das Beschreibungsspektrum muß dabei so aufgebaut
sein, daß die geometrie- und qualitätsbezogenen Merkmale eines Einzelbearbeitungselements direkt aus der Fertigteilzeichnung des betreffenden Werkstücks abgeleitet werden können. Um eine lückenlose Darstellung des gesamten Fertigungsablaufs eines Werkstücks zu unterstützen, muß der Schlüssel
des Beschreibungssystems so aufgebaut sein, daß der von Einzelbearbeitungselement zu Einzelbearbeitungselement geplante
Fertigungsfortschritt ersichtlich wird. Die Zusammenfassung
von Einzelbearbeitungselementen zu Teilarbeitsvorgängen sowie
die Zuordnung von Teilarbeitsvorgängen zu einzelnen Fertigungseinrichtungen muß durch den Schlüssel des Beschreibungssystems unterstützt werden. Der Schlüssel muß es erlauben,
die Bearbeitungsinhalte der gebildeten Teilarbeitsvorgänge
mit den Bearbeitungsmöglichkeiten der vorhandenen Fertigungseinrichtungen zu vergleichen. Der Schlüssel soll dabei nicht
nur zielgerichtet zu den für einen bestimmten
Teilarbeitsvorgang in Frage kommenden Fertigungseinrichtungen

führen, sondern soll es darüber hinaus auch ermöglichen, zu überprüfen, ob das Werkstück in dem geplanten Bearbeitungszustand bestimmte geometrische oder qualitative Mindestanforderungen für die nachfolgende Bearbeitung erfüllt. So muß beispielsweise bei der Einplanung einer Schleifbearbeitung überprüfbar sein, ob ein Werkstück in einem der vorausgehenden Teilarbeitsvorgänge bereits bis auf ein bestimmtes Schleifaufmaß vorbearbeitet werden soll.

Die geforderte Detaillierung der einzelnen Schlüsselstellen eines auf die Belange der Verfahrensteilung ausgerichteten Beschreibungssystems soll am Beispiel rotationssymmetrischer Werkstücke vorgenommen werden. Der Grund für die Auswahl rotationssymmetrischer Werkstücke ist zum einen, daß für die Herstellung von rotationssymmetrischen Werkstücken sehr häufig mehrere unterschiedliche Fertigungsverfahren erforderlich sind, für die die Verfahrensteilung geplant werden muß[8]. Zum anderen besteht infolge der jüngsten Entwicklungsarbeiten in- und ausländischer Werkzeugmaschinenhersteller besonders für die Bearbeitung rotationssymmetrischer Werkstücke ein vergleichsweise großes Angebot an Werkzeugmaschinen zur Mehrverfahrens- bzw. Mehrseitenbearbeitung /68/ ,das vielfältige Möglichkeiten zur Variation der Verfahrensteilung eröffnet.

Die zu entwickelnde Zuordnungssystematik muß sicherstellen, daß sämtliche mit einem vorgegebenen Maschinenpark realisierbaren Fertigungsablaufvarianten eines Werkstücks hergeleitet werden können. Um zu gewährleisten, daß die einzelnen Fertigungsablaufvarianten auch in der Praxis umgesetzt werden können, muß es die Zuordnungssystematik erlauben, fertigungstechnisch bedingte Reihenfolgebeziehungen sowohl bei der Zusammenfassung von Einzelbearbeitungselementen zu Teilarbeitsvorgängen als auch bei der Zuordnung von Teilarbeitsvorgängen zu einzelnen Fertigungseinrichtungen zu berücksichtigen. Im Hinblick auf die mit der Erstellung von Fertigungsablaufvarianten angestrebte Variation der Verfahrensteilung muß

---

8 Untersuchungen von /30/ und /32/ belegen, daß bei 80 % aller rotationssymmetrischen Werkstücke neben Drehen und Schleifen zusätzliche Fertigungsverfahren wie Fräsen, Bohren, Räumen oder Verzahnen erforderlich sind.

die Zuordnungssystematik die Einplanung einer Mehrverfahrens-
bzw. Mehrseitenbearbeitung eines Werkstücks unterstützen. Die
Zuordnungssystematik muß für alle Rohlingstypen geeignet
sein, und die Erstellung vollständiger Fertigungsablaufvarianten, d.h. inklusive aller durch die gewählte Verfahrensteilung erforderlichen Hilfsarbeitsvorgänge wie Waschen oder
Entgraten, ermöglichen.

5.2.2 Anforderungen an ein Bewertungssystem
für Fertigungsablaufvarianten

Entsprechend den in Kapitel 2 qualitativ beschriebenen
Auswirkungen unterschiedlicher Formen der Verfahrensteilung
muß ein Modell zur Bewertung von Fertigungsablaufvarianten
alle für die Vorbereitung, Abwicklung und Überwachung eines
Auftrags im Fertigungsbereich erforderlichen Tätigkeiten abbilden können. Das Modell muß es als Voraussetzung für die
spätere Optimierung der Verfahrensteilung erlauben, die einzelnen Fertigungsablaufvarianten eines Werkstücks hinsichtlich ihrer konkreten Auswirkungen auf die Beschäftigungslage
des zu betrachtenden Fertigungsbereichs miteinander zu vergleichen. Im Hinblick auf eine universelle Anwendbarkeit ist
zu fordern, daß die zu entwickelnden Methoden und Hilfsmittel
unabhängig von dem in der zu betrachtenden Fertigung aktuell
anzutreffenden Automatisierungsgrad von Fertigungs-, Materi-
alfluß- und Informationsflußeinrichtungen zur Bewertung von
Fertigungsablaufvarianten eingesetzt werden können. Die Bewertung einer Fertigungsablaufvariante soll stets für einen
vollständigen Fertigungsauftrag vorgenommen werden, wobei
sich die jeweilige Auftragslosgröße aus dem für die entsprechende Planungsperiode vorgegebenen Produktionsprogramm ergibt.

Bei der Darstellung des zeitlichen Durchlaufs eines bestimmten Auftrags durch die zu betrachtende Fertigung müssen be-
triebsspezifische Einflußgrößen, wie beispielsweise Übergangszeiten, die sich aus der Organisationsform der Fertigung
ergeben, berücksichtigt werden können, um sicherzustellen,

daß die mit Hilfe des Fertigungsdurchlaufmodells prognosti-
zierten Durchlaufzeiten später auch der betrieblichen Reali-
tät entsprechen.

Obwohl die Planung der Verfahrensteilung noch im Vorfeld der
eigentlichen Arbeitsplanerstellung durchgeführt wird, muß die
Vorgabezeit der einzelnen Teilarbeitsvorgänge exakt ermittelt
werden können, da die Vorgabezeiten die Grundlage für die im
Rahmen der Optimierung der Verfahrensteilung vorzunehmende
Kapazitätsberechnung der einzelnen Fertigungseinrichtungen
sind.

Um die Einflüsse langfristiger betrieblicher Entscheidungen
ausschließen zu können, dürfen für die kostenmäßige Bewertung
von Fertigungsablaufvarianten nur diejenigen Kosten des Fertigungsablaufs herangezogen werden, deren Auftreten und Höhe
direkt von der gewählten Form der Verfahrensteilung abhängt[9].
Aus der Zielsetzung einer verursachungsgerechten Kostenprognose für Fertigungsablaufvarianten folgt, daß die in
einer Fertigung anfallenden Kosten aufgespalten werden müssen
in Kostenanteile, die sich proportional zur Verfahrensteilung
verhalten, und in Kostenanteile, die unabhängig von der Verfahrensteilung anfallen. Für die kostenmäßige Bewertung von
Fertigungsablaufvarianten müssen geeignete Methoden und
Hilfsmittel entwickelt werden, mit deren Hilfe insbesondere
die Gemeinkosten einer Fertigung in Abhängigkeit von der
tatsächlichen Inanspruchnahme einer bestimmten betrieblichen
Leistung durch eine Fertigungsablaufvariante verrechnet werden können.

---

9 Wie schon auf /69/ zurückgehende Untersuchungen über die
  theoretischen Grundlagen betrieblicher Entscheidungspro-
  bleme gezeigt haben, werden durch Planungsentscheidungen im
  allgemeinen nicht alle Kostenfaktoren eines Fertigungsbereichs im gleichen Maße beeinflußt. Diejenigen Kostenbe-
  standteile, auf deren Betrachtung man sich bei einer spe-
  ziellen Planungs- oder Optimierungsaufgabe beschränken
  kann, werden in der Betriebswirtschaftslehre als "rele-
  vante" Kosten bezeichnet /62/.

5.2.3 Anforderungen an eine Optimierungsmethode zur Auswahl von Fertigungsablaufvarianten

Da die einzelnen Fertigungsablaufvarianten aufgrund der beschränkten Kapazitäten der in einer Fertigung vorhandenen Fertigungseinrichtungen in einer Kapazitätskonkurrenz zueinander stehen können, ist die Zielsetzung einer für die gesamte Fertigung optimalen Verfahrensteilung nur dann zu erreichen, wenn alle betriebsspezifisch realisierbaren Fertigungsablaufvarianten gleichzeitig in den Optimierungsprozeß mit einbezogen werden können. Damit die Optimierungsergebnisse von der Fertigungssteuerung später auch entsprechend umgesetzt werden können, müssen die vom Produktionsprogramm für den betrachteten Planungszeitraum vorgegebenen Losgrößen und Auflagehäufigkeiten der einzelnen Werkstücke mitberücksichtigt werden. Aus gleichem Grund ist auch zu fordern, daß die Kapazitätsgrenzen der einzelnen zur Verfügung stehenden Maschinen bzw. Arbeitsplätze entsprechend den betrieblichen Gegebenheiten individuell festgelegt werden können.

Aufgrund von Kapazitätsengpässen bei einer oder mehreren Fertigungseinrichtungen kann es erforderlich werden, die Stückzahlvorgabe eines Werkstücks auf mehrere Fertigungsablaufvarianten aufzuspalten. In diesem Fall muß sichergestellt sein, daß im Optimierungsprozeß für jede einzelne Fertigungsablaufvariante diejenigen Vorbereitungs- und Überwachungskosten mitberücksichtigt werden, die unabhängig von dem jeweiligen Aufteilungsverhältnis für den Auftragsdurchlauf nach einer bestimmten Fertigungsablaufvariante als konstanter Betrag anfallen. Im Hinblick auf die Übertragbarkeit der Optimierungsergebnisse auf das spätere Betriebsgeschehen ist auch zu fordern, daß das Optimierungsverfahren bei der Aufspaltung der Losgröße eines Werkstücks auf mehrere Fertigungsablaufvarianten frei wählbare Maximal- oder Minimalmengen je Bearbeitungsablaufvariante zuläßt, sei es, um das Fassungsvermögen bestimmter Förderhilfsmittel oder die Chargengröße einer Wärmebehandlungsanlage mit zu berücksichtigen.

6 Ermittlung von Fertigungsablaufvarianten

6.1 Beschreibung der Bearbeitungsaufgabe

6.1.1 Festlegung von Einzelbearbeitungselementen

Entsprechend der Strukturierung des Verfahrens zur Planung und Optimierung der Verfahrensteilung besteht der erste Planungsschritt in der Aufteilung der gesamten Bearbeitungsaufgabe in Einzelbearbeitungselemente. Diese Einzelbearbeitungselemente sind gemäß den in Kapitel 5 aufgestellten Anforderungen die kleinste verplanbare Einheit bei der Festlegung der Verfahrensteilung einer Fertigungsablaufvariante.

Die hier entwickelte Systematik zur Aufspaltung einer Bearbeitungsaufgabe in Einzelbearbeitungselemente beruht auf der grundlegenden Überlegung, daß bei jedem Teilarbeitsvorgang zumindest eine Werkstückseite bearbeitet werden kann. Soll die Verfahrensteilung dabei noch variiert werden können, so darf mit einem Einzelbearbeitungselement maximal die Bearbeitung einer Werkstückseite beschrieben werden. Jede Werkstückseite kann wiederum prinzipiell in einer oder mehreren Zwischenstufen vom Rohteil- in den Fertigteilzustand überführt werden. Der Bearbeitungszustand jeder Zwischenstufe kann beschrieben werden durch die Form dieser Werkstückseite sowie durch deren aktuelle Oberflächenbeschaffenheit.

Die Form eines Werkstücks ist das Ergebnis einer geplanten Werkzeugbewegung, die abhängig ist von den zur Verfügung stehenden Bewegungsachsen und den Steuerungseinrichtungen einer Maschine. Die Oberflächenbeschaffenheit einer Werkstückseite kann entweder aus der Werkzeugbewegung selbst und den dabei gewählten Zerspanungsparametern wie Vorschub oder Schnittiefe herrühren oder aus einer Stoffeigenschaftsänderung wie Härten oder Brünieren. Die aus Sicht der Verfahrensteilung für die Definition einzelner Bearbeitungszustände eines Werkstücks maßgebende Oberflächenbeschaffenheit kann durch die Angabe der Rauheit und der Toleranzen der betrachteten Werkstückfläche spezifiziert werden.

Betrachtet man den Übergang von einem Rohteil zu einem Fertigteil, so können nach den bisherigen Aussagen beim Zerspanungsprozeß als Folge der Schnittaufteilung theoretisch beliebig viele Bearbeitungszwischenzustände auftreten. Im Hinblick auf die Planung der Verfahrensteilung ist eine Differenzierung dieser Zwischenzustände nur dann erforderlich, wenn sich aus einem Zwischenzustand die Möglichkeit oder die Notwendigkeit zu einem Wechsel der Spannlage oder gar der Maschine ergibt. Fertigungstechnisch sinnvoll ist ein derartiger Wechsel frühestens immer nur dann, wenn entweder ein anderes Werkzeug benötigt wird oder die Zerspanungsparameter sich grundlegend ändern.

Eine vollständige und eindeutige Beschreibung aller für die Planung der Verfahrensteilung eines Werkstücks maßgebenden Bearbeitungszustände erhält man somit, wenn ein Einzelbearbeitungselement wie folgt definiert wird: Ein Einzelbearbeitungselement beschreibt, bezogen auf eine bestimmte Werkstückseite, die Form und die Oberflächenbeschaffenheit, die mit einem Werkzeug bei konstanten Schnittbedingungen erzeugt werden kann. Mit Hilfe dieser Festlegung können, wie Bild 9 veranschaulicht, unterschiedliche Bearbeitungszustände von rotationssymmetrischen Werkstücken systematisch beschrieben werden.

6.1.2 Aufbau eines Beschreibungssystems für Einzelbearbeitungselemente

Zur exakten und widerspruchsfreien Darstellung der durch ein Einzelbearbeitungselement charakterisierten Form und Oberflächenbeschaffenheit einer Werkstückseite ist ein Beschreibungssystem erforderlich. Analysiert man die zur Beschreibung von rotationssymmetrischen Werkstücken erforderlichen Einzelbearbeitungselemente, so können die Einzelbearbeitungselemente in zwei Gruppen eingeteilt werden: eine, meist geringe

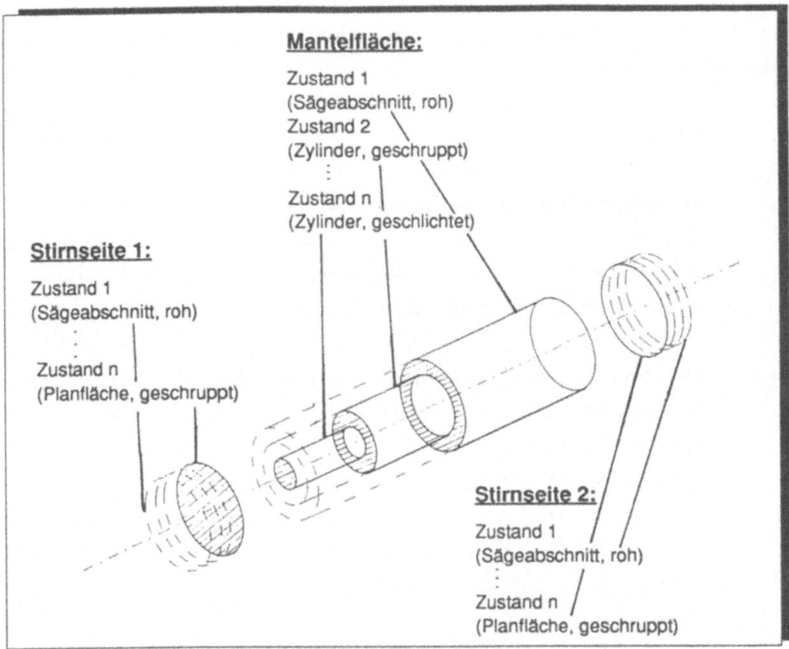

Bild 9: Aufteilung der Bearbeitung von rotationssymmetrischen Werkstücken mit Hilfe von Einzelbearbeitungselementen

Anzahl wird zur Beschreibung der Werkstückkontur in verschiedenen Bearbeitungszwischenzuständen benötigt, während eine zweite, größere Menge erforderlich ist, um die Bearbeitung von zusätzlichen Geometrieelementen eines Werkstücks wie Bohrungen, Nuten oder Einstiche zu beschreiben. Der Grund hierfür ist die in Abschnitt 6.1.1 vorgenommene werkzeugbezogene Definition der Einzelbearbeitungselemente, der zufolge beispielsweise eine Gewindebohrung nur durch mehrere Einzelbearbeitungselemente zu beschreiben ist. Unter fertigungstechnischen Gesichtspunkten stellt diese zweite Gruppe von Einzelbearbeitungselementen jedoch keine echte Variationsmöglichkeit der Verfahrensteilung dar, da beispielsweise die Einzelbearbeitungselemente einer Gewindebohrung aus Genauigkeitsgründen üblicherweise in einem Teilarbeitsvorgang nacheinander bearbeitet werden.

Ohne die Variationsmöglichkeiten der Verfahrensteilung einzu-
schränken, können daher, um den Beschreibungsaufwand zu senken, zwei Gruppen von Einzelbearbeitungselementen unterschieden werden:

- **Hauptbearbeitungselemente**; sie beschreiben die Kontur
  einer Werkstückseite in einzelnen Bearbeitungszuständen
  und werden bei rotierendem Werkstück in der Regel durch
  Drehen oder Schleifen erzeugt,

- **Zusatzbearbeitungselemente**; sie beschreiben alle für
  die spätere Funktionserfüllung eines Werkstücks zusätzlich erforderlichen Bearbeitungen. In Zusatzbearbeitungselementen können mehrere unmittelbar aufeinander
  folgende Einzelbearbeitungselemente desselben Ferti-
  gungsverfahrens zusammengefaßt sein. Sie werden im allgemeinen bei stehendem Werkstück erzeugt.

Der Aufbau des Beschreibungsschlüssels ergibt sich weitestgehend aus dem in Abschnitt 6.1.1 festgelegten Informationsge-
halt eines Einzelbearbeitungselements. Um sicherzustellen,
daß jeder Bearbeitungszustand exakt beschrieben werden kann,
muß ein Schlüssel zur Beschreibung von Hauptbearbeitungselementen die folgenden Merkmale umfassen:

- Bezugsfläche,
- Form,
- Oberflächenbeschaffenheit und
- Spannsituation.

In Bild 10 sind für die für die Beschreibung von rotationssymmetrischen Werkstücken erforderlichen Merkmalsausprägungen
der einzelnen Schlüsselstellen aufgeführt.Die Angabe einer
Bezugsfläche ist erforderlich, um bei der Bildung von Fertigungsablaufvarianten erkennen zu können, welche Hauptbearbeitungselemente aufgrund ihrer Lage zueinander für eine Zusammenfassung in einem Teilarbeitsvorgang in Frage kommen.
Betrachtet man die üblicherweise bei rotationssymmetrischen
Werkstücken eingesetzten Spannmittel, so kann nicht generell

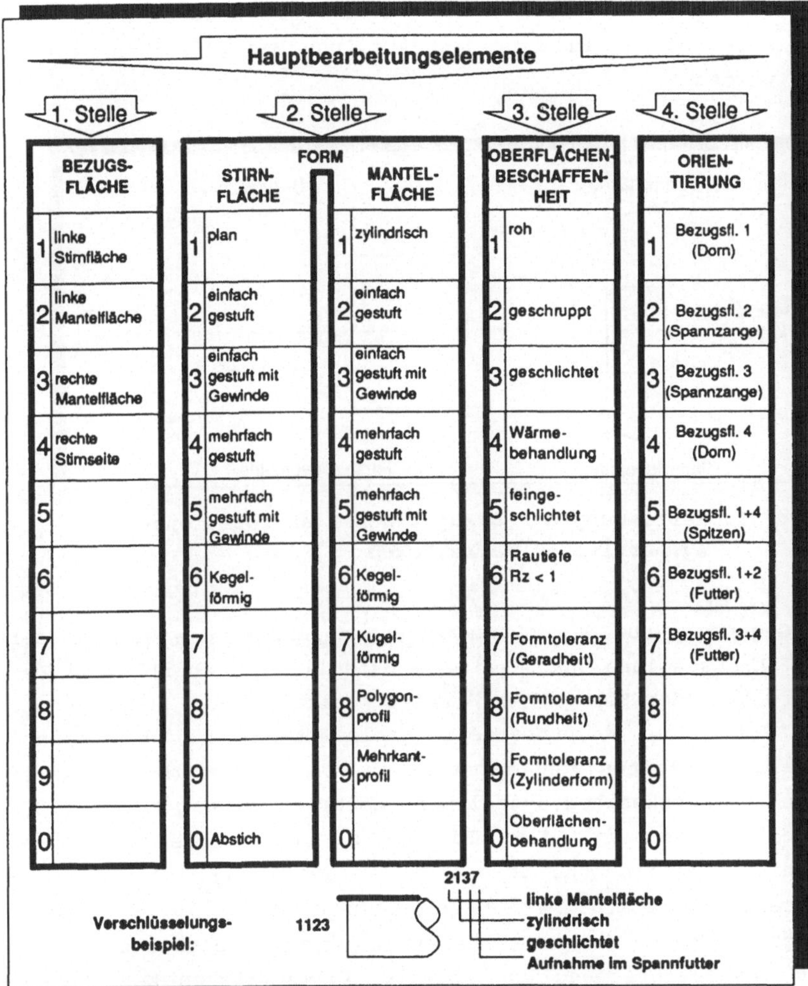

Bild 10: Aufbau eines Beschreibungssystems für Hauptbearbeitungselemente an rotationssymmetrischen Werkstücken

davon ausgegangen werden, daß die Mantelfläche eines Werkstücks in einer Aufspannung über ihre gesamte Länge hinweg bearbeitet werden kann. So kann beispielsweise die Mantelfläche von scheibenförmigen Werkstücken, die in einem Backenfutter gespannt werden sollen, in 2 Teilarbeitsvorgängen bear-

beitet werden müssen. Um bestimmte Formen der Verfahrensteilung nicht von vorneherein auszuschließen, sollen zur Beschreibung einer Bearbeitungsaufgabe mit Hauptbearbeitungselementen die in Bild 11 dargestellten Bezugsflächen verwendet werden.

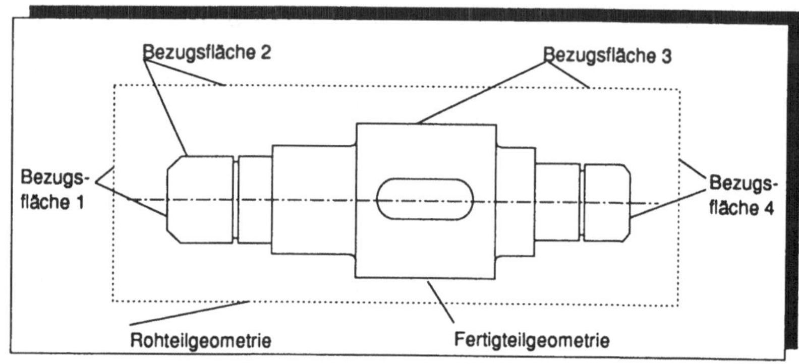

Bild 11: **Festlegung der Bezugsflächen an rotationssymmetrischen Werkstücken**

Im Gegensatz zur NC-Programmierung erfordert die Planung der
Verfahrensteilung noch keine maßstäbliche, detaillierte Beschreibung der Form einer Werkstückseite. Es ist ausreichend,
die Form eines Hauptbearbeitungselements so zu beschreiben,
daß die geplanten Konturänderungen von Hauptbearbeitungselement zu Hauptbearbeitungselement deutlich werden, und daß die
Anforderungen an die Kinematik und Steuerung einer
Fertigungseinrichtung abgeleitet werden können. Für die Beschreibung von Arbeitsvorgangsfolgen wurde in /70/ ein fertigungsbeschreibendes Klassifizierungssystem entwickelt. Der
für die Beschreibung von rotationssymmetrischen Werkstücken
ausgearbeitete Formenschlüssel wird hier übernommen, da er
den Anforderungen an ein Beschreibungssystem aus Sicht der
Verfahrensteilung genügt und eine hinreichend genaue Spezi-
fikation der Form eines Hauptbearbeitungselements erlaubt.

Die einzelnen Merkmalsausprägungen der dritten Schlüsselstelle "Oberflächenbeschaffenheit" werden ebenfalls aus dem
fertigungsbeschreibenden Klassifizierungssystem nach /70/

übernommen. Entsprechend der Anforderung, daß das Beschreibungssystem den Fertigungsfortschritt von Hauptbearbeitungselement zu Hauptbearbeitungselement erkennen lassen muß, sind die Zuordnungen einzelner Merkmale zu den entsprechenden Schlüsselzahlen so gewählt, daß mit zunehmender Schlüsselzahl die Formkomplexität eines Hauptbearbeitungselements zunimmt bzw. die Anforderungen hinsichtlich der Oberflächenbeschaffenheit steigen.

Im Hinblick auf die spätere Zusammenfassung von Hauptbearbeitungselementen zu Teilarbeitsvorgängen kommt der für jedes Hauptbearbeitungselement unter Berücksichtigung von Werkstückstabilität, Bearbeitungszustand und Genauigkeitsanforderungen geplanten Spannsituation eine entscheidende Bedeutung zu. Durch die Aufnahme des Werkstücks in einem bestimmten Spannmittel sind je nach konstruktiver Ausführung eine oder zwei Bezugsflächen für eine Bearbeitung nicht mehr oder zumindest nur teilweise zugänglich. Es ist daher naheliegend, daß nur diejenigen Hauptbearbeitungselemente für eine Zusammenfassung zu einem Teilarbeitsvorgang in Frage kommen, bei denen für ein bestimmtes Fertigungsverfahren dieselbe Spannsituation vorgesehen ist.

Um dem Planenden bei der Bildung von Teilarbeitsvorgängen und der Variation der Verfahrensteilung eine entsprechende Hilfestellung zu geben wird in dem hier entwickelten Beschreibungssystem die geplante Spannsituation eines Hauptbearbeitungselements durch die vierte Schlüsselstelle spezifiziert.

Eine zwingende Voraussetzung für eine eventuelle Zusammenfassung von Zusatzbearbeitungselementen mit Hauptbearbeitungselementen bei der Bildung von Teilarbeitsvorgängen ist, daß der zur Beschreibung der Zusatzelemente verwendete Schlüssel ebenfalls auf den für die Hauptbearbeitungselemente definierten Bezugsflächen eines Werkstücks aufbaut. Die Vielfalt der Zusatzbearbeitungselemente macht es jedoch erforderlich, ergänzend zu ihrer Form auch ihre Orientierung relativ zur Werkstücklängsachse zu beschreiben. Aus diesen Angaben kann nicht nur auf das entsprechende Fertigungsverfahren, sondern

auch auf die zur Bearbeitung dieses Zusatzbearbeitungselements erforderlichen, eventuell simultan zu verfahrenden Maschinenachsen geschlossen werden. Während beispielsweise eine
Paßfedernut bei stehendem Werkstück gefräst werden kann, erfordert das Fräsen einer querliegenden Nut synchron zur
Werkzeugbewegung eine Drehung des Werkstücks.

Der in Bild 12 gezeigte Schlüssel ist daher so aufgebaut, daß
er durch die Angabe von

- Bezugsfläche
- Form
- Oberflächenbeschaffenheit und
- Orientierung

eines Zusatzbearbeitungselements sowohl die für die Planung
der Verfahrensteilung wesentlichen Bearbeitungsanforderungen
als auch die Lage dieses Zusatzbearbeitungselements am betrachteten Werkstück eindeutig beschreibt.

Für die Merkmalsbestimmung eines Beschreibungsschlüssels für
Form und Orientierung von Zusatzbearbeitungselementen wurden,
aufbauend auf /70/ umfangreiche Teilespektren untersucht, die
ermittelten Einzelbearbeitungselemente entsprechend ihrer Bearbeitungsanforderungen in Gruppen zusammengefaßt und Probe-
verschlüsselungen durchgeführt. Zur Beschreibung der Oberflächenbeschaffenheit der Zusatzbearbeitungselemente eignen sich
dieselben Merkmalsausprägungen, wie sie bereits für die Beschreibung der Oberflächenbeschaffenheit von Hauptbearbeitungselementen hergeleitet wurden.

6.1.3 Einsatz des Beschreibungssystems zur Darstellung der
      Bearbeitungsmöglichkeiten von Fertigungseinrichtungen

Neben der Zusammenfassung von Haupt- und Zusatzbearbeitungselementen zu Teilarbeitsvorgängen muß das Beschreibungssystem
auch die Zuordnung der Bearbeitungsaufgaben einzelner
Werkstücke zu den vorhandenen Fertigungseinrichtungen unter-

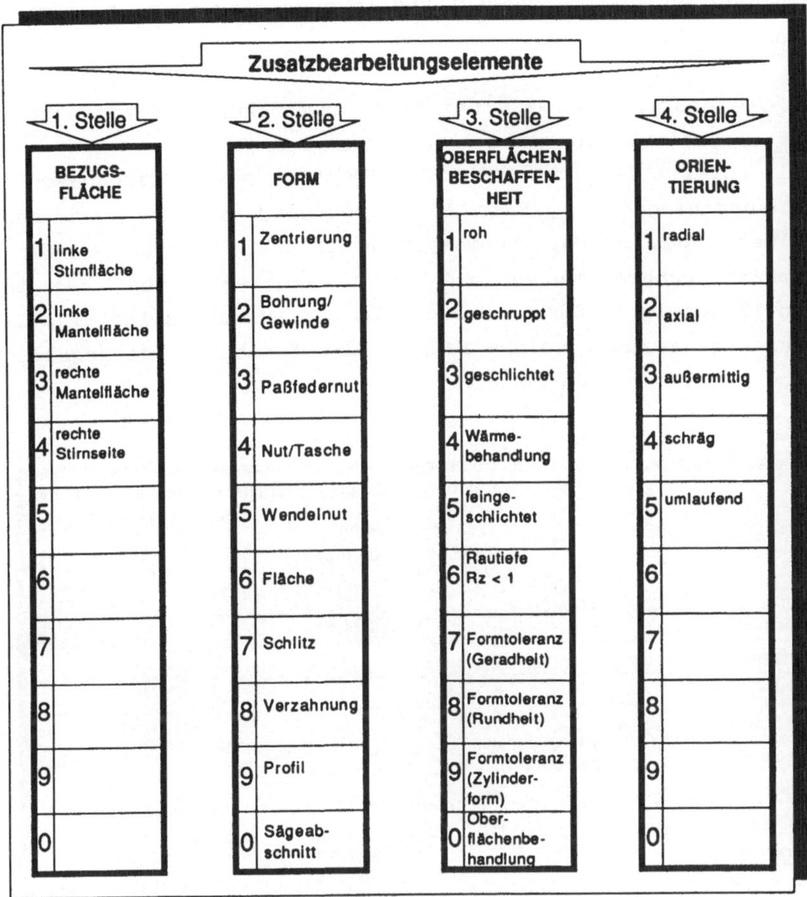

Bild 12: Aufbau eines Beschreibungssystems für Zusatzbearbeitungselemente an rotationssymmetrischen Werkstücken

stützen. Die Anwendung eines auf die Darstellung von Bearbeitungsanforderungen ausgerichteten Beschreibungssystems macht es erforderlich, die technischen Eigenschaften von Fertigungseinrichtungen indirekt durch die Fertigungsmöglichkeit bestimmter Einzelbearbeitungselemente auszudrücken. Hierzu muß das durch einzelne technische Größen beschreibbare Leistungsvermögen einer Maschine in Bezug auf die Durchführbarkeit der durch ein Haupt- bzw. Zusatzbearbeitungselement vorgegebenen Bearbeitungsaufgabe interpretiert bzw. beurteilt werden.

Für die Realisierbarkeit der Form, Oberflächenbeschaffenheit oder Spannsituation eines Einzelbearbeitungselements sind jeweils unterschiedliche technische Mermale der Werkzeugmaschinen ausschlaggebend (Bild 13). Ausgehend von den nach dem Schlüssel des Beschreibungssystems insgesamt möglichen Einzelbearbeitungselementen muß unter Berücksichtigung der in Bild 13 gezeigten Zusammenhänge für jede Maschine individuell festgelegt werden, welche Haupt- oder Zusatzbearbeitungselemente erzeugt werden können.

Maschinenmerkmale	Hauptbearbeitungselemente			Zusatzbearbeitungselemente		
	Form	Oberflächen-beschaffenheit	Spann-situation	Form	Oberflächen-beschaffenheit	Orientierung
Anzahl Bewegungsachsen	■		■	■		■
Verfahrwege			■			■
Antriebsleistung		■			■	
Drehzahlbereich		■			■	
Vorschubgeschwindigkeit		■			■	
Werkzeugsystem	■	■		■		
Wegmeßsystem		■			■	
Positionsstreubreite		■			■	
Spannmitteltyp			■		■	
Spannmittelgröße			■		■	
Steuerungstyp	■			■		■
Art der Bewegungsachsen	■	■		■		■

Bild 13: Zusammenhang zwischen Maschinenmerkmalen und Haupt- bzw. Zusatzbearbeitungselementen

Zur Kennzeichnung der Bearbeitungsaufgaben, die auf einer bestimmten Fertigungseinrichtung durchgeführt werden können, wird das Schema des Beschreibungssystems für die zugehörigen Haupt- bzw. Zusatzbearbeitungselemente zugrunde gelegt.

Bild 14 zeigt am Beispiel einer Drehmaschine die Darstellung
der maschinenspezifischen Bearbeitungsmöglichkeiten mit Hilfe

Maschinenbezeichnung: SCHRÄGBETT-DREHMASCHINE

Hersteller:
Baujahr:
Steuerungsart:
Kostenstelle:
MINDESTBEARBEITUNGSZUSTAND 1000

Arbeitsraumgröße:

Umlaufdurchmesser D: 550 mm
Supportweg z-Achse z: 280 mm
max. Drehdurchmesser d: 250 mm

Stirnflächenbearbeitung

Form	Oberfl.-beschaffenheit	Spann-situation
1	1	1
2	2	2
3	3	3
4	4	4
5	5	5
6	6	6
7	7	7
8	8	8
9	9	9
0	0	0

Mantelflächenbearbeitung

Form	Oberfl.-beschaffenheit	Spann-situation
1	1	1
2	2	2
3	3	3
4	4	4
5	5	5
6	6	6
7	7	7
8	8	8
9	9	9
0	0	0

für Bezugsfläche 1+4 realisierbar
nur für Bezugsfläche 1 realisierbar
nur für Bezugsfläche 4 realisierbar

nur für Bezugsfläche 2+3 realisierbar
nur für Bezugsfläche 2 realisierbar
nur für Bezugsfläche 3 realisierbar

**Bild 14: Beschreibung der Bearbeitungsmöglichkeiten
einer Drehmaschine unter dem Gesichtspunkt
der Bearbeitungsanforderungen von Hauptbearbeitungselementen**

von Einzelbearbeitungselementen. In Bild 15 sind ergänzend
hierzu die Bearbeitungsmöglichkeiten einer Außenrundschleifmaschine beschrieben. Bild 16 zeigt die auf einer bestimmten
Vertikalfräsmaschine herstellbaren Zusatzbearbeitungselemente
rotationssymmetrischer Werkstücke.

Da es aus Maschinensicht unerheblich ist, welche der gegenüberliegenden Bezugsflächen 1 und 4 bzw. 2 und 3 bearbeitet
werden soll, ist es ausreichend, die Bearbeitungsmöglichkeiten jeweils nur bezüglich einer Stirnfläche bzw. einer Man-

Maschinenbezeichnung: AUSSENRUNDSCHLEIFMASCHINE

Hersteller:
Baujahr:
Steuerungsart:
Kostenstelle: 2u2」
MINDESTBEARBEITUNGSZUSTAND: 3u2」

Arbeitsraumgröße: D

Umlaufdurchmesser D: 400 mm
Schleiflänge l: 200 mm
max. Schleifdurchmesser s: 250 mm

Stirnflächenbearbeitung

Form	Oberfl.-beschaffenheit	Spann-situation
1	1	1
2	2	2
3	3	3
4	4	4
5	5	5
6	6	6
7	7	7
8	8	8
9	9	9
0	0	0

Mantelflächenbearbeitung

Form	Oberfl.-beschaffenheit	Spann-situation
1 ▨	1	1
2 ▨	2	2
3	3 ▨	3
4 ▨	4	4
5	5 ▨	5 ▨
6	6	6
7	7	7
8	8	8
9	9	9
0	0	0

Bild 15: Beschreibung der Bearbeitungsmöglichkeiten einer Außenrundschleifmaschine

Maschinenbezeichnung: VERTIKALFRÄSMASCHINE

Hersteller:
Baujahr:
Steuerungsart:
Kostenstelle:
MINDESTBEARBEITUNGSZUSTAND: 1000

Arbeitsraumgröße:

Verfahrweg x-Achse: 400 mm
Verfahrweg y-Achse: 200 mm
Verfahrweg z-Achse: 200 mm

Stirnflächenbearbeitung

Form	Oberfl.-beschaffenheit	Spann-situation
1 ▨	1	1 ▨
2 ▨	2 ▨	2
3	3 ▨	3
4 ▨	4	4
5	5	5
6	6	6
7	7	7
8	8	8
9	9	9
0	0	0

Mantelflächenbearbeitung

Form	Oberfl.-beschaffenheit	Spann-situation
1	1	1
2 ▨	2 ▨	2 ▨
3	3	3
4	4	4
5 ▨	5	5
6	6	6
7	7	7
8	8	8
9	9	9
0	0	0

Bild 16: Beschreibung der Bearbeitungsmöglichkeiten einer Vertikalfräsmaschine

telfläche darzustellen. Bei Werkzeugmaschinen, die eine Mehrverfahrensbearbeitung erlauben, werden in gleicher Weise auch alle Zusatzbearbeitungselemente dargestellt, die auf dieser Maschine durchgeführt werden können (Bild 17).

Für die Zuordnung von Einzelbearbeitungselementen zu einer Werkzeugmaschine ist jedoch die Übereinstimmung von Schlüsselzahlen alleine noch nicht ausreichend. Um sicherzustellen, daß ein bestimmtes Einzelbearbeitungselement auf einer Maschine überhaupt gefertigt werden kann, müssen die Abmessungen des Einzelbearbeitungselements mit den möglichen Verfahrwegen der betreffenden Maschine und die Abmessungen des gesamten Werkstücks mit deren Arbeitsraumgröße verglichen werden. Da der Beschreibungsschlüssel keine Angaben über die Größe des Einzelbearbeitungselements enthält, muß die Darstellung der Bearbeitungsmöglichkeiten einer Maschine ergänzt werden durch die Angabe der maximal zulässigen Abmessungen von Werkstück bzw. Einzelbearbeitungselement. Die exakte Angabe der Maschinengröße trägt auch dazu bei, innerhalb einer bestimmten Maschinengruppe zu kleine bzw. zu große Maschinen von der weiteren Planung der Verfahrensteilung von vorneherein auszuschließen.

Im Hinblick auf die spätere Zusammenfassung von Einzelbearbeitungselementen zu Teilarbeitsvorgängen ist für jede Maschine auch noch aufgeführt, welcher Bearbeitungszustand eines Einzelbearbeitungselements hinsichtlich Form und/oder Oberflächenbeschaffenheit mindestens erreicht sein muß, bevor auf der betreffenden Maschine dieses Einzelbearbeitungselement weiterbearbeitet werden kann. Durch diese Zusatzinformationen wird der eingangs aufgestellten Forderung nach einer Kontrollmöglichkeit von Fertigungsablaufvarianten in Bezug auf Vollständigkeit und betrieblicher Umsetzbarkeit entsprochen.

Die Bearbeitungsmöglichkeiten einzelner Werkzeugmaschinen können hier nur exemplarisch dargestellt werden. Die Eignung für einzelne Haupt- bzw. Zusatzbearbeitungselemente muß betriebsspezifisch in Abhängigkeit vom Alter und aktuellen Zu-

Maschinenbezeichnung: SCHRÄGBETT-DREHMASCHINE MIT ANGETRIEBENEN WERKZEUGEN

Hersteller:
Baujahr:
Steuerungsart:
Kostenstelle:
MINDESTBEARBEITUNGSZUSTAND 1000

Arbeitsraumgröße: D

Umlaufdurchmesser D: 550 mm
Supportweg z-Achse z: 280 mm
max. Drehdurchmesser d: 250 mm

Stirnflächenbearbeitung

Hauptbearbeitungselemente

Form	Oberfl.-beschaffenheit	Spann-situation
1	1	1
2	2	2
3	3	3
4	4	4
5	5	5
6	6	6
7	7	7
8	8	8
9	9	9
0	0	0

- für Bezugsfläche 1+4 realisierbar
- nur für Bezugsfläche 1 realisierbar
- nur für Bezugsfläche 4 realisierbar

Zusatzbearbeitungselemente

Form	Oberfl.-beschaffenheit	Spann-situation
1	1	1
2	2	2
3	3	3
4	4	4
5	5	5
6	6	6
7	7	7
8	8	8
9	9	9
0	0	0

Mantelflächenbearbeitung

Hauptbearbeitungselemente

Form	Oberfl.-beschaffenheit	Spann-situation
1	1	1
2	2	2
3	3	3
4	4	4
5	5	5
6	6	6
7	7	7
8	8	8
9	9	9
0	0	0

- nur für Bezugsfläche 2+3 realisierbar
- nur für Bezugsfläche 2 realisierbar
- nur für Bezugsfläche 3 realisierbar

Zusatzbearbeitungselemente

Form	Oberfl.-beschaffenheit	Spann-situation
1	1	1
2	2	2
3	3	3
4	4	4
5	5	5
6	6	6
7	7	7
8	8	8
9	9	9
0	0	0

Bild 17: Beschreibung der Bearbeitungsmöglichkeiten einer Schrägbettdrehmaschine mit angetriebenen Werkzeugen

stand der einzelnen Maschinen festgelegt werden und sollte, um Fehlzuordnungen zu vermeiden, in regelmäßigen Abständen überprüft werden.

6.1.4 Beschreibung der Bearbeitungsaufgaben eines Werkstücks durch Haupt- und Zusatzbearbeitungselemente

Mit der Festlegung eines Beschreibungssystems für Einzelbearbeitungselemente sind die Grundlagen für die systematische Erstellung von Fertigungsablaufvarianten eines Werkstücks geschaffen. Ausgehend von dem für das betreffende Werkstück festgelegten Rohmaterial muß der Planende für jede Bezugsfläche die erforderlichen Bearbeitungszwischenzustände festlegen und ihre jeweilige Form, Oberflächenbeschaffenheit und Spannsituation durch entsprechende Haupt- und Zusatzbearbeitungselemente beschreiben.

Ergänzend zu dem fertigungstechnischen Grundwissen des Planers geben die aus der Fertigteilzeichnung eines Werkstücks ersichtlichen Technologieangaben wesentliche Hinweise auf einzelne, einzuplanende Bearbeitungszwischenzustände. Aus den Zeichnungsangaben kann zum einen, wie Bild 18 veranschaulicht, direkt auf einen bestimmten Bearbeitungszustand geschlossen werden. Hierzu zählen alle verfahrensbezogenen Zeichnungsangaben, die sich in der Regel auf die Gebrauchseienschaften eines Werkstücks beziehen und auf ein konkretes Verfahren hinweisen. Oberflächenbezogene Zeichnungsangaben geben alleine noch keinen Hinweis auf ein bestimmtes Einzelbearbeitungselement. Sie müssen stets in Verbindung mit der zugehörigen Fläche betrachtet werden und erfordern die Ableitung von gegebenenfalls mehreren, aufeinander aufbauenden Einzelbearbeitungselementen. Abmessungsbezogene Zusatzangaben informieren darüber, wie genau bestimmte Werkstückflächen, beispielsweise bei Passungen, bearbeitet werden müssen, oder welche Aufmaße für eine nachfolgende Operation vorzusehen sind. Der Gültigkeitsbereich dieser Zeichnungsangaben kann sich zum einen auf das gesamte Werkstück erstrecken, zum anderen auch nur auf einzelne Bezugsflächen eines Werkstücks.

Zeichnungs- angaben	Verfahrens- bezogen	Oberflächen- bezogen	Abmessungs- bezogen
Beispiele	Hartverchromen	allg. Bearbei- tungszeichen $\sqrt{}\,R_Z16$ $(\sqrt{}\,R_Z63, \sqrt{}\,R_Z4)$	Längen- toleranz $50^{+0,1}_{-0,2}$
	Einsatzhärten EHT (50 HRC) 0,8 mm, HRC $62^{+}_{-}2$	Rauheit $\sqrt{}\,R1 < 16$	Passung 80^{H7}
Ableitung von Einzelbearbei- tungselementen	direkt	indirekt	indirekt
Gültigkeits- bereich	mehrere Elemente	Einzel- element	Einzel- element

Bild 18: Auswirkungen der Zeichnungsangaben auf die Ableitung von Einzelbearbeitungselementen

Bild 19 zeigt die Fertigteilzeichnung einer Steckhülse, Bild 20 die daraus abgeleitete Beschreibung der Bearbeitungsaufgaben mit Hilfe entsprechender Einzelbearbeitungselemente. Diese Steckhülse ist eine Komponente eines spielarmen Planetengetriebes, das in mehreren Baugrößen hergestellt wird. Alle weiteren Ausführungen zur Planung und Optimierung der Verfahrensteilung sollen im folgenden am Beispiel dieser Steckhülse veranschaulicht werden.

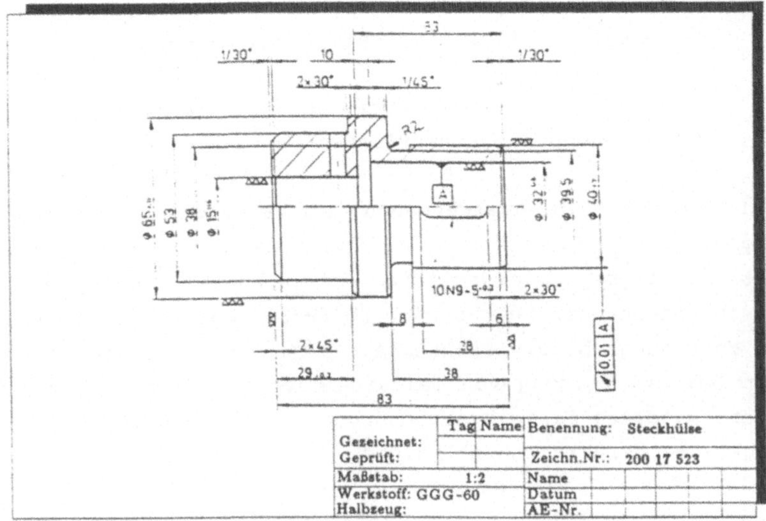

Bild 19: Steckhülse

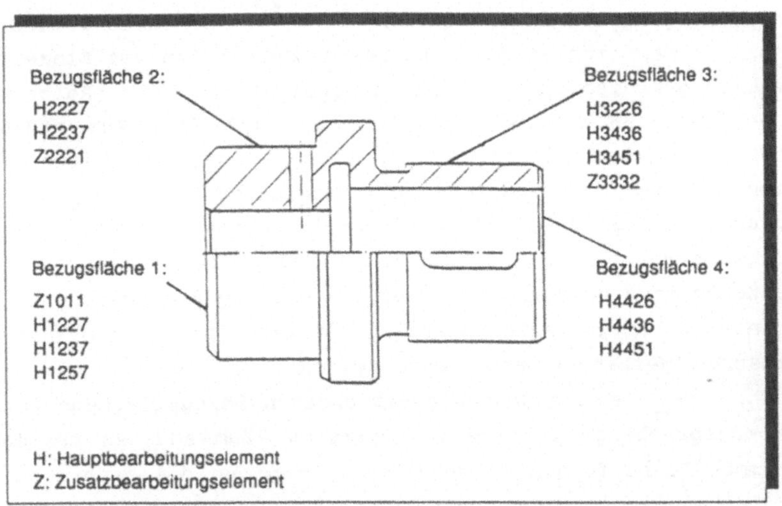

Bild 20: Beschreibung der Gesamtbearbeitung einer Steckhülse mit Einzelbearbeitungselementen

6.2 Berücksichtigung technologischer Reihenfolgebeziehungen von Einzelbearbeitungselementen

6.2.1 Einfluß von Reihenfolgebeziehungen auf die Planung von Fertigungsablaufvarianten

Bei den bisherigen Ausführungen zur Ermittlung von Fertigungsablaufvarianten wurden die zur Herstellung eines Werkstücks insgesamt erforderlichen Einzelbearbeitungselemente isoliert voneinander betrachtet. Um fertigungstechnisch sinnvolle Fertigungsablaufvarianten eines Werkstücks zu erhalten, müssen bei der Bildung von Teilarbeitsvorgängen die zwischen den verschiedenen Einzelbearbeitungselementen bestehenden Abhängigkeiten berücksichtigt werden.

Während sich die einzuhaltende Reihenfolge zwischen den Einzelbearbeitungselementen einer Bezugsfläche direkt aus der Beschreibung der einzelnen Bearbeitungszwischenzustände ergibt, müssen bei der Festlegung der Reihenfolge von Einzelbearbeitungselementen unterschiedlicher Bezugsflächen zusätzliche fertigungstechnische Gesetzmäßigkeiten beachtet werden. Orientiert man sich an den Beschreibungsmerkmalen der Einzelbearbeitungselemente, so können zwei Arten von Reihenfolgebeziehungen unterschieden werden (Bild 21): Zum einen bestehen zwischen einzelnen Haupt- oder Zusatzbearbeitungselementen immer dann zusätzliche Reihenfolgebeziehungen, wenn aufgrund der Form bzw. späteren Funktion eines Werkstücks ein bestimmter Bearbeitungszustand einer Bezugsfläche die fertigungstechnische Voraussetzung für die weitere Bearbeitung einer anderen Bezugsfläche darstellt. So kann ein rotationssymmetrisches Werkstück erst dann zwischen Spitzen bearbeitet werden, wenn die zur Spannung verwendeten Bezugsflächen über eine entsprechende Zentrierung verfügen. Zum anderen müssen bestimmte Reihenfolgen eingehalten werden, um die geforderte Oberflächenbeschaffenheit einer Werkstückseite zu erzielen. Ein Paßsitz kann nur dann fertigbearbeitet werden, wenn eine hinreichend genaue Aufspannfläche am Werkstück in einem vorangegangenen Teilarbeitsvorgang hergestellt wurde.

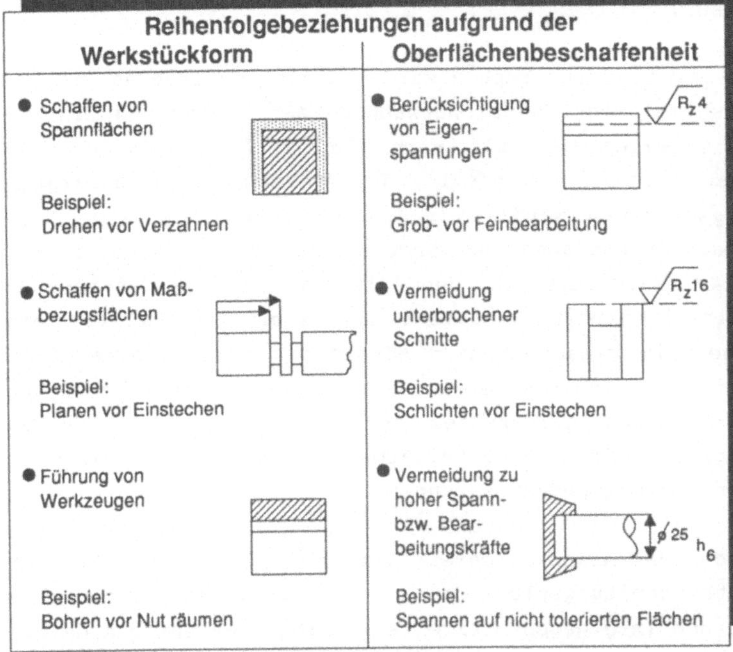

Bild 21: Beispiele für Reihenfolgebeziehungen zwischen Einzelbearbeitungselementen unterschiedlicher Bezugsflächen

6.2.2 Bearbeitungsgraph zur Darstellung von Reihenfolgebeziehungen eines Werkstücks

Um unter Berücksichtigung der jeweils vorhandenen fertigungstechnischen Abhängigkeiten systematisch alle betriebsspezifisch realisierbaren Fertigungsablaufvarianten eines Werkstücks ermitteln zu können, wird für die Planung der Verfahrensteilung ein sogenannter Bearbeitungsgraph eingesetzt.
Ähnlich wie die zur Strukturierung von Montageaufgaben eingesetzten Vorranggraphen /71/ dient der Bearbeitungsgraph zur
Veranschaulichung der Vorgänger-/Nachfolger-Beziehungen jedes
einzelnen Haupt- bzw. Zusatzbearbeitungselements. Er dokumentiert beispielsweise, welche Einzelbearbeitungselemente hin-
tereinander ausgeführt werden müssen, und zeigt somit die

werkstückseitigen Möglichkeiten zur Variation der Verfahrensteilung auf.

In einem Bearbeitungsgraphen werden die verschiedenen Einzelbearbeitungselemente eines Werkstücks als Knoten und die Ab-
hängigkeitsbeziehungen als Verbindungslinien (Kanten) zwischen den Knoten dargestellt. Die verschiedenen Einzelbearbeitungselemente werden zum Zeitpunkt der frühesten Aus-
führbarkeit eingetragen. Das Ende der von einem Knoten ausge-
henden Kanten verdeutlicht den Zeitpunkt, zu dem das betreffende Einzelbearbeitungselement spätestens ausgeführt sein
muß. Innerhalb dieser Grenzen können die verschiedenen Einzelbearbeitungselemente verschoben und unter Berücksichtigung
der Bearbeitungsmöglichkeiten der zur Verfügung stehenden
Fertigungseinrichtungen zu Teilarbeitsvorgängen bzw. Arbeitsvorgängen zusammengefaßt werden.

Aus Gründen der Anschaulichkeit ist es sinnvoll, zunächst nur
die Hauptbearbeitungselemente in den Bearbeitungsgraphen aufzunehmen und ihre gegenseitigen Reihenfolgebeziehungen darzustellen. In einem 2. Schritt können dann die für die Variation der Verfahrensteilung meist entscheidenden Zusatzbearbeitungselemente an den entsprechenden Stellen in den Bearbeitungsgraphen integriert werden. Die einzuhaltenden geometrischen Toleranzen eines Werkstücks sind von großem Einfluß
auf die realisierbare Verfahrensteilung. Die aus ihnen resultierenden Restriktionen bei der Zusammenfassung von einzelnen
Haupt- bzw. Zusatzbearbeitungselementen lassen sich jedoch
nicht alleine durch die Darstellung der Reihenfolgebeziehungen im Bearbeitungsgraphen dokumentieren. Aus diesem Grunde
ist es notwendig, die zwischen verschiedenen Einzelbearbeitungselementen einzuhaltenden geometrischen Toleranzen als
zusätzliche Informationen mit in den Bearbeitungsgraphen
aufzunehmen. Dies kann mit Hilfe der in DIN ISO 1101 /72/
festgelegten Symbole erfolgen, wobei die geometrischen Toleranzen auf der Verbindungslinie der entsprechenden Einzelbearbeitungselemente eingetragen werden können. Bild 22 zeigt
den entsprechend ausgeführten Bearbeitungsgraphen des ausgewählten Musterwerkstücks.

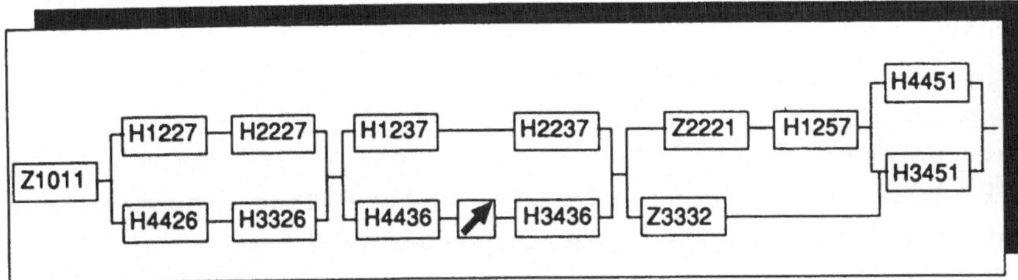

Bild 22: Bearbeitungsgraph Steckhülse

Das bei der Ableitung der Einzelbearbeitungselemente vom Planenden zugrunde gelegte Rohmaterial bestimmt maßgeblich die Struktur des Bearbeitungsgraphen (Bild 23) und wirkt sich damit auf die Variationsmöglichkeiten der Verfahrensteilung aus. Soll das betreffende Werkstück aus einem Halbzeug, beispielsweise einem Normprofil hergestellt werden, so ist zunächst eine Startoperation wie Sägen zwingend notwendig, um ein Rohteil gewünschter Abmaße zu erhalten. Erst nach dieser vorbereitenden Operation ist eine Verzweigung des Bearbeitungsgraphen zu anderen Operationen möglich.

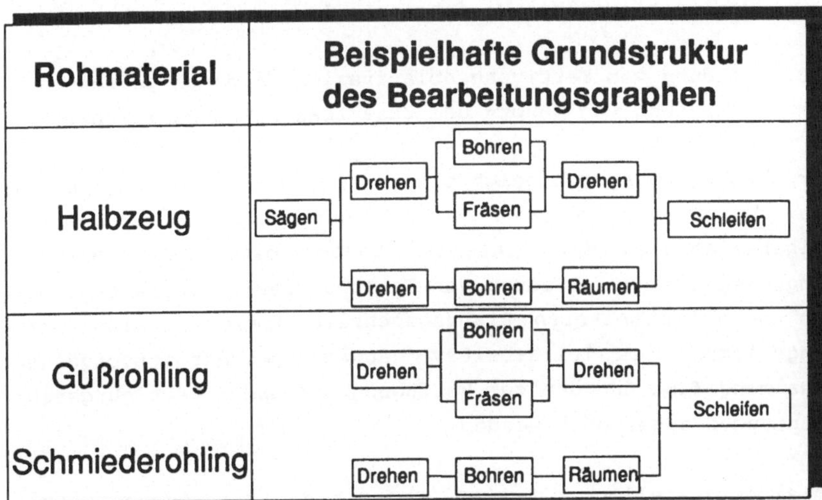

Bild 23: Grundstrukturen des Bearbeitungsgraphen in Abhängigkeit vom zugrundegelegten Rohmaterial

Eine Ausnahme hiervon stellen Drehteile dar, die direkt von der Stange bearbeitet werden. Je nach Ausführung einer Stangendrehmaschine können zunächst unterschiedlichste Dreh-, Bohr- oder auch Fräsoperationen, die untereinander wiederum in einer bestimmten Reihenfolgebeziehung stehen, durchgeführt werden, bevor durch Abstechen das angearbeitete Werkstück von der Stange getrennt wird. Die weitere Bearbeitung dieses Werkstücks kann dann auf verschiedenen Wegen fortgesetzt werden.

Im Gegensatz hierzu kommen bei Guß- oder Schmiederohlingen meist mehrere Werkstückflächen für einen Bearbeitungsbeginn in Frage. In Abhängigkeit von den für die Bearbeitung zugrunde zu legenden Referenzflächen des Werkstücks zeigt der zugehörige Bearbeitungsgraph eine offene Struktur mit mehreren alternativen Startmöglichkeiten. Für den Planenden bietet dies den Vorteil, durch die Variation der Referenzflächen zusätzliche Fertigungsablaufvarianten aufstellen zu können.

6.3 Ableitung von Fertigungsablaufvarianten unterschiedlicher Verfahrensteilung

6.3.1 Bildung von Fertigungsablaufvarianten durch getrennte Zuordnung von Haupt- und Zusatzbearbeitungselementen

Der Bearbeitungsgraph zeigt bis zu diesem Planungsstadium nur die für ein bestimmtes Werkstück charakteristischen Reihenfolgebeziehungen der einzelnen Haupt- bzw. Zusatzbearbeitungselemente. Zur Bildung von Fertigungsablaufvarianten müssen in einem weiteren Planungsschritt diese Einzelbearbeitungselemente zu Teilarbeitsvorgängen bzw. Arbeitsvorgängen zusammengefaßt und den zur Verfügung stehenden Fertigungseinrichtungen zugeordnet werden.

Um sicherzustellen, daß sämtliche mit den vorhandenen Fertigungseinrichtungen auch realisierbaren Fertigungsablaufvarianten eines Werkstücks aufgestellt werden, muß der Bearbeitungsgraph mit Hilfe einer Auswertesystematik untersucht werden. Die Planungsrichtung wird dabei so gewählt, daß ausgehend von der größtmöglichen Verfahrensteilung eines Werkstücks durch Zusammenfassung von Einzelbearbeitungselementen zu Teilarbeitsvorgängen größeren Bearbeitungsumfangs die Verfahrensteilung schrittweise verringert wird.

Entsprechend der in Abschnitt 6.1.1 getroffenen Festlegung kann nach jedem Einzelbearbeitungselement ein Aufspannungs- oder Maschinenwechsel vorgenommen werden. In diesem Sinne kann jedes Einzelbearbeitungselement bereits als Teilarbeitsvorgang interpretiert werden. Eine Basis-Fertigungsablaufvariante mit größtmöglicher Verfahrensteilung erhält man, wenn die Einzelbearbeitungselemente direkt einer geeigneten Fertigungseinrichtung zugeordnet werden.

Da Haupt- und Zusatzbearbeitungselemente aufgrund der gewählten Einteilung mit unterschiedlichen Fertigungsverfahren hergestellt werden, ist es im Hinblick auf eine Reduzierung der Teilarbeitsvorgänge zweckmäßig, die Möglichkeiten einer schrittweisen Zusammenfassung zunächst für Haupt- und Zusatzbearbeitungselemente getrennt zu untersuchen. Wesentliches Unterscheidungsmerkmal von Hauptbearbeitungselementen für die Bildung von Teilarbeitsvorgängen ist ihre Bezugsfläche und ihre jeweilige Oberflächenbeschaffenheit. Der nächste Schritt zur systematischen Ermittlung von Fertigungsablaufvarianten unterschiedlicher Verfahrensteilung muß deshalb darin bestehen, mit Hilfe des Bearbeitungsgraphen zu überprüfen, ob entweder mehrere Hauptbearbeitungselemente einer bestimmten Bezugsfläche zu einem Teilarbeitsvorgang zusammengefaßt werden können, oder mehrere Hauptbearbeitungselemente unterschiedlicher Bezugsflächen jedoch gleicher Oberflächenbeschaffenheit. Die Auswertung des Bearbeitungsgraphen wird systematisch so vorgenommen, daß zunächst versucht wird, sowohl Hauptbearbeitungselemente einer Bezugsfläche zusammenfassen, als auch Hauptbearbeitungselemente unterschiedlicher Bezugsflächen aber gleicher Oberflächenbeschaffenheit. Aufgrund der Spannsituation bei rotationssymmetrischen Werkstücken können maximal die Hauptbearbeitungselemente von drei Bezugsflächen zu einem Teilarbeitsvorgang zusammengefaßt werden. Kombiniert man schrittweise die Anzahl der betrachteten Bezugsflächen mit Hauptbearbeitungselementen gleicher oder unterschiedlicher Oberflächenbeschaffenheit, so ergeben sich die in Bild 24 dargestellten Zusammenfassungsmöglichkeiten, wobei die Verfahrensteilung von Stufe zu Stufe geringer wird. Mit Hilfe des Beschreibungssystems kann leicht erkannt werden, bei welchen Hauptbearbeitungselementen die für eine Zusammenfassung erforderliche Korrespondenz von Bezugsflächen bzw. Oberflächenbeschaffenheiten vorhanden ist.Ebenso wie bei den Hauptbearbeitungselementen kann jedes Zusatzbearbeitungselement prinzipiell in einem eigenen Teilarbeitsvorgang hergestellt werden. Da es bei Zusatzbearbeitungselementen lediglich in Ausnahmefällen Bearbeitungszustände gibt, die sich nur in der Oberflächenbeschaffenheit unterscheiden, ist es für die Bildung von Teilarbeitsvorgangsfolgen ausreichend, zu überprüfen, ob die Zusatzbearbeitungselemente einer oder eventuell mehrerer Bezugsflächen zusammengefaßt werden können.

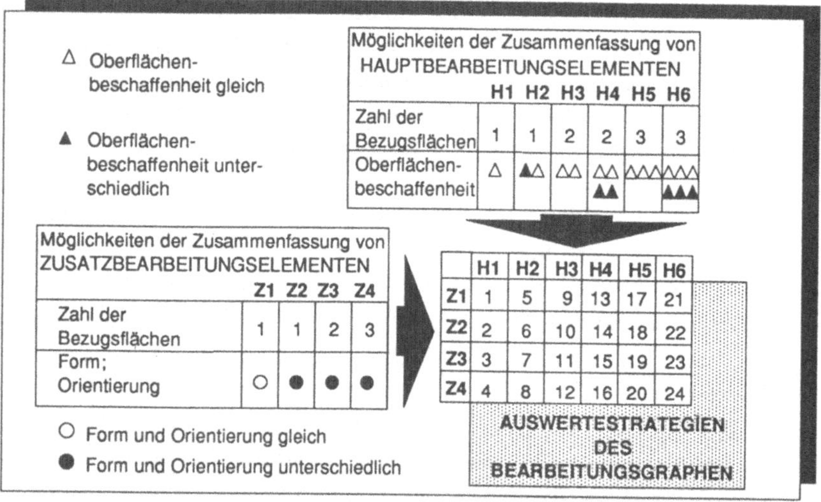

Bild 24: Kombinatorik zur Ableitung von Fertigungsablaufvarianten mit getrennten Teilarbeitsvorgängen für Haupt- und Zusatzbearbeitungselemente

Der Bearbeitungsgraph eines Werkstücks enthält in der Regel sowohl Hauptbearbeitungselemente als auch Zusatzbearbeitungselemente, so daß zur Ableitung von Fertigungsablaufvarianten die unterschiedlichen Zusammenfassungsmöglichkeiten von Haupt- und Zusatzbearbeitungselementen miteinander kombiniert werden müssen. Dabei ergeben sich theoretisch die in Bild 24 gezeigten Möglichkeiten der Zusammenfassung von Haupt- und Zusatzbearbeitungselementen, die alle anhand des Bearbeitungsgraphen auf ihre Realisierbarkeit hin abgeprüft werden müssen. In der Praxis sind die tatsächlichen Kombinationsmöglichkeiten der Einzelbearbeitungselemente aufgrund der im Bearbeitungsgraphen aufgezeigten fertigungstechnisch bedingten Reihenfolgebeziehungen deutlich eingeschränkt. Bei einer spalten- oder zeilenweisen Auswertung der Zuordnungsmatrix lassen sich nach jedem Durchlauf einzelne Zusammenfassungsmöglichkeiten von Haupt- oder Zusatzbearbeitungselementen definitiv ausschließen, so daß sich die verbleibende, noch auszuwertende Zuordnungsmatrix schrittweise verkleinert.

Für jeden neu ermittelten Teilarbeitsvorgang ist mit Hilfe des Beschreibungssystems zu überprüfen, ob dieser Teilarbeitsvorgang auf einer der vorhandenen Fertigungseinrichtungen auch durchgeführt werden kann. Ist keine geeignete Fertigungseinrichtung vorhanden, so ist die zugehörige Kombinationsvorschrift von den weiteren Betrachtungen ebenfalls auszuschließen.

Bild 25 zeigt die Ableitung von Fertigungsablaufvarianten aus einem Bearbeitungsgraphen durch die getrennte Zusammenfassung von Haupt- und Zusatzbearbeitungselementen am Beispiel der ausgewählten Steckhülse.

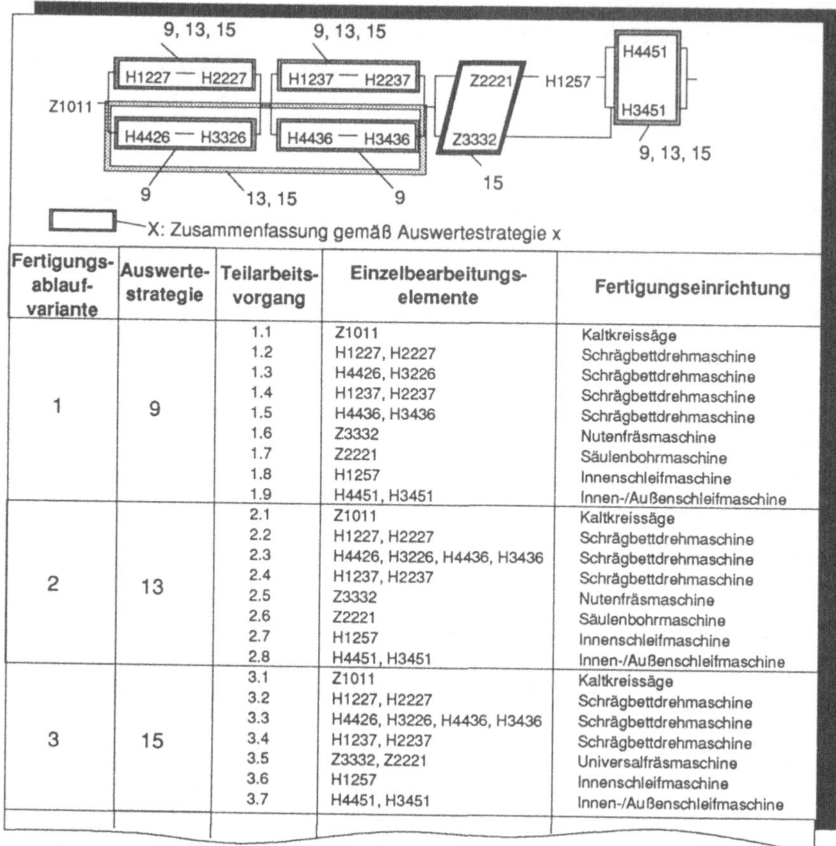

Fertigungs-ablauf-variante	Auswerte-strategie	Teilarbeits-vorgang	Einzelbearbeitungs-elemente	Fertigungseinrichtung
1	9	1.1	Z1011	Kaltkreissäge
		1.2	H1227, H2227	Schrägbettdrehmaschine
		1.3	H4426, H3226	Schrägbettdrehmaschine
		1.4	H1237, H2237	Schrägbettdrehmaschine
		1.5	H4436, H3436	Schrägbettdrehmaschine
		1.6	Z3332	Nutenfräsmaschine
		1.7	Z2221	Säulenbohrmaschine
		1.8	H1257	Innenschleifmaschine
		1.9	H4451, H3451	Innen-/Außenschleifmaschine
2	13	2.1	Z1011	Kaltkreissäge
		2.2	H1227, H2227	Schrägbettdrehmaschine
		2.3	H4426, H3226, H4436, H3436	Schrägbettdrehmaschine
		2.4	H1237, H2237	Schrägbettdrehmaschine
		2.5	Z3332	Nutenfräsmaschine
		2.6	Z2221	Säulenbohrmaschine
		2.7	H1257	Innenschleifmaschine
		2.8	H4451, H3451	Innen-/Außenschleifmaschine
3	15	3.1	Z1011	Kaltkreissäge
		3.2	H1227, H2227	Schrägbettdrehmaschine
		3.3	H4426, H3226, H4436, H3436	Schrägbettdrehmaschine
		3.4	H1237, H2237	Schrägbettdrehmaschine
		3.5	Z3332, Z2221	Universalfräsmaschine
		3.6	H1257	Innenschleifmaschine
		3.7	H4451, H3451	Innen-/Außenschleifmaschine

Bild 25: Beispiele möglicher Fertigungsablaufvarianten des Musterwerkstücks bei getrennter Zusammenfassung von Haupt- und Zusatzbearbeitungselementen

6.3.2 Bildung von Fertigungsablaufvarianten durch kombinierte Zuordnung von Haupt- und Zusatzbearbeitungselementen

Weitere Möglichkeiten zur Variation der Verfahrensteilung bestehen beim Einsatz von Maschinen zur Mehrverfahrens- oder Mehrseitenbearbeitung eines Werkstücks. Durch die Zusammenfassung von Haupt- und Zusatzbearbeitungselementen in einem Teilarbeitsvorgang wird die Mehrverfahrensbearbeitung eines Werkstücks möglich. Die Zusammenfassung von zwei Teilarbeitsvorgängen zu einem Arbeitsvorgang führt dagegen zu einer Mehrseitenbearbeitung. Sind in der betrachteten Fertigung Maschinen zur Mehrverfahrensbearbeitung vorhanden, so muß schrittweise überprüft werden, ob die zuvor ausschließlich aus Hauptbearbeitungselementen gebildeten Teilarbeitsvorgänge nicht mit einem oder mehreren Zusatzbearbeitungselementen zusammengefaßt werden können. Die Teilarbeitsvorgänge neuer Fertigungsablaufvarianten ergeben sich, wie in Bild 26 schematisch dargestellt, aus der schrittweisen Kombination der einzelnen, für die Zusammenfassung von Haupt- bzw. Zusatzbearbeitungselementen bereits definierten Auswertungsschritte.

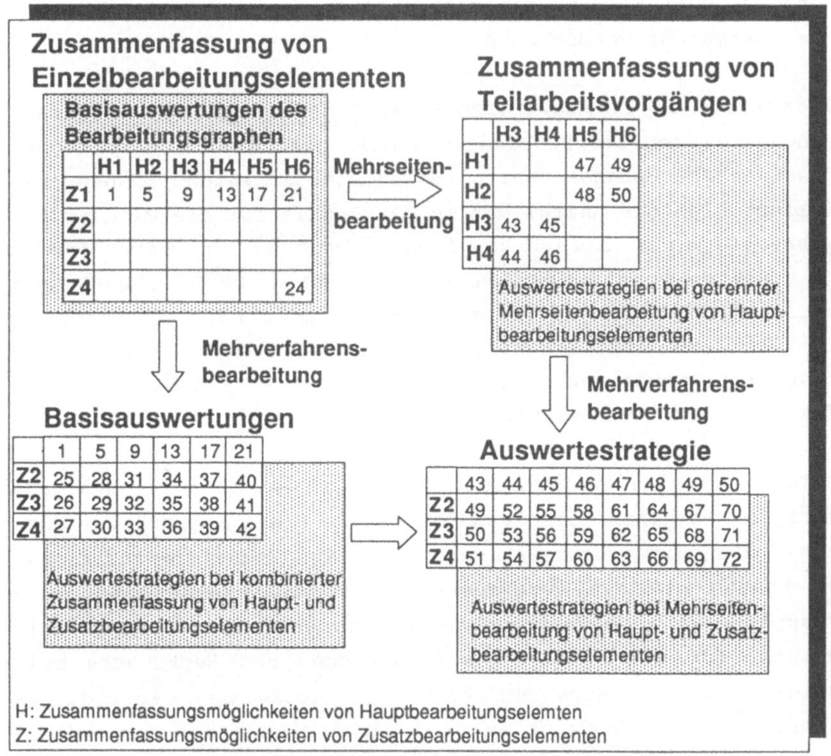

Basisauswertungen des Bearbeitungsgraphen:

	H1	H2	H3	H4	H5	H6
Z1	1	5	9	13	17	21
Z2						
Z3						
Z4						24

Zusammenfassung von Teilarbeitsvorgängen:

	H3	H4	H5	H6
H1			47	49
H2			48	50
H3	43	45		
H4	44	46		

Basisauswertungen:

	1	5	9	13	17	21
Z2	25	28	31	34	37	40
Z3	26	29	32	35	38	41
Z4	27	30	33	36	39	42

Auswertestrategie:

	43	44	45	46	47	48	49	50
Z2	49	52	55	58	61	64	67	70
Z3	50	53	56	59	62	65	68	71
Z4	51	54	57	60	63	66	69	72

Bild 26: Systematik zur Ableitung von Fertigungsablaufvarianten bei Mehrverfahrens- bzw. Mehrseitenbearbeitung

Ebenso muß auch überprüft werden, ob durch den Einsatz von Maschinen zur Mehrseitenbearbeitung eine weitere Reduzierung der Verfahrensteilung eines Werkstücks erreicht werden kann. Dies ist immer dann möglich, wenn zwei der im ersten Auswerteschritt nur aus Hauptbearbeitungselementen gebildeten Teilarbeitsvorgänge zu einem Arbeitsvorgang zusammengefaßt werden können. Die geringste Verfahrensteilung ergibt sich, wenn für die Bearbeitung eines rotationssymmetrischen Werkstücks Maschinen zur kombinierten Mehrverfahrens- und Mehrseitenbearbeitung eingesetzt werden können. Der Bearbeitungsgraph muß dahin gehend überprüft werden, ob mehrere Teilarbeitsvorgänge, die in einem der vorangegangenen Auswertungsschritte aus Haupt- und Zusatzbearbeitungselementen gebildet werden konnten, auch noch zu einem Arbeitsvorgang auf einer Maschine zusammengefaßt werden können.

Da bereits im 1. Auswertungsschritt (vergl. Bild 24) erfahrungsgemäß mehrere Kombinationsmöglichkeiten von Haupt- oder Zusatzbearbeitungselementen ausgeschlossen werden können, reduziert sich die Anzahl der in der Praxis für die Planung von Mehrverfahrens- bzw. Mehrseitenbearbeitung zu überprüfenden Kombinationen im Vergleich zu den nach Bild 26 theoretisch möglichen Zuordnungsvarianten sehr stark. Bild 27 zeigt am Beispiel des Musterwerkstücks die Ermittlung weiterer Fertigungsablaufvarianten durch Übergang zu einer Mehrverfahrens- bzw. Mehrseitenbearbeitung.

Kommen für eine Teilarbeitsvorgang bzw. einen Arbeitsvorgang mehrere Maschinen derselben Gattung in Frage, so muß der Planende diejenige vorauswählen, deren technische Grenzkriterien am besten mit den werkstückspezifischen Anforderungen korrespondieren. Die Fertigungseinrichtung sollte so ausgewählt werden, daß die Fertigungsanforderungen des Werkstücks beispielsweise in Bezug auf Arbeitsraumgröße oder Fertigungsgenauigkeiten bevorzugt an der oberen Grenze der technischen Leistungsfähigkeit der betreffenden Maschine liegen. Hierdurch soll nicht nur dem, auch bei der herkömmlichen Arbeitsvorgangsfolgeermittlung relevanten Einfluß der Maschinengröße auf die Fertigungskosten Rechnung getragen werden, sondern es soll auch vermieden werden, daß bei der nachfolgenden Optimierung der Verfahrensteilung eine Kapazitätskonkurrenz mit denjenigen Werkstücken auftritt, die nur auf einer größeren oder präziseren Maschine bearbeitet werden können.

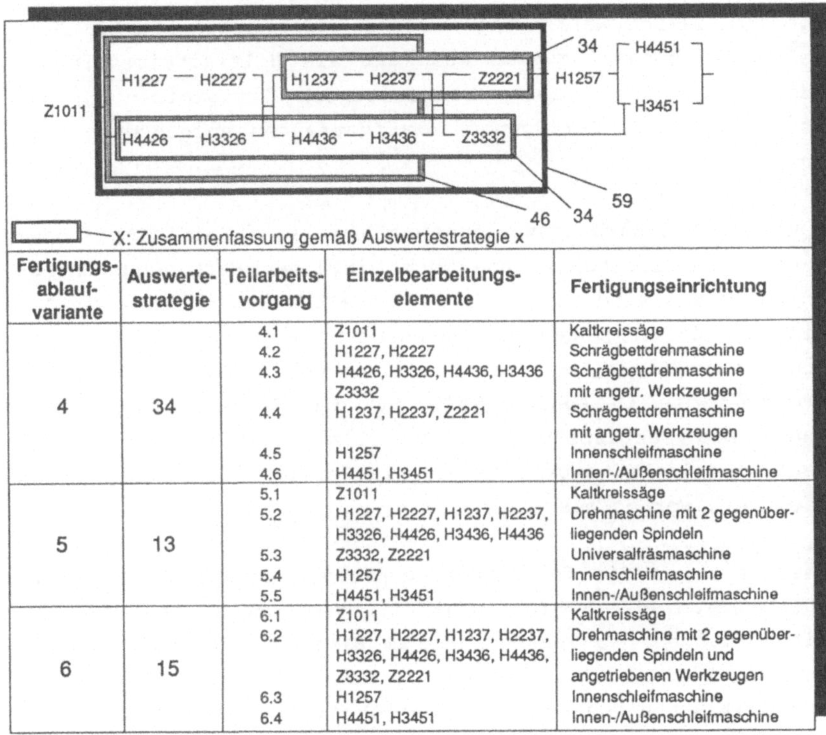

Fertigungs-ablauf-variante	Auswerte-strategie	Teilarbeits-vorgang	Einzelbearbeitungs-elemente	Fertigungseinrichtung
4	34	4.1	Z1011	Kaltkreissäge
		4.2	H1227, H2227	Schrägbettdrehmaschine
		4.3	H4426, H3326, H4436, H3436 Z3332	Schrägbettdrehmaschine mit angetr. Werkzeugen
		4.4	H1237, H2237, Z2221	Schrägbettdrehmaschine mit angetr. Werkzeugen
		4.5	H1257	Innenschleifmaschine
		4.6	H4451, H3451	Innen-/Außenschleifmaschine
5	13	5.1	Z1011	Kaltkreissäge
		5.2	H1227, H2227, H1237, H2237, H3326, H4426, H3436, H4436	Drehmaschine mit 2 gegenüber-liegenden Spindeln
		5.3	Z3332, Z2221	Universalfräsmaschine
		5.4	H1257	Innenschleifmaschine
		5.5	H4451, H3451	Innen-/Außenschleifmaschine
6	15	6.1	Z1011	Kaltkreissäge
		6.2	H1227, H2227, H1237, H2237, H3326, H4426, H3436, H4436, Z3332, Z2221	Drehmaschine mit 2 gegenüber-liegenden Spindeln und angetriebenen Werkzeugen
		6.3	H1257	Innenschleifmaschine
		6.4	H4451, H3451	Innen-/Außenschleifmaschine

Bild 27: Fertigungsablaufvarianten des Musterwerkstücks bei Mehrverfahrens- oder Mehrseitenbearbeitung

Die für die Durchführung eines Teilarbeitsvorganges im Rahmen der Ermittlung von Bearbeitungsablaufvarianten nicht ausgewählten Maschinen eignen sich jedoch bei Kapazitätsengpässen, die entweder schon bei der Optimierung der Verfahrensteilung oder erst später bei der Kapazitäts- und Terminplanung der Fertigungssteuerung auftreten, als Ausweichmaschinen, ohne daß dadurch die Verfahrensteilung der betreffenden Bearbeitungsablaufvariante verändert wird.

6.3.3 Berücksichtigung von Hilfsarbeitsvorgängen

Bei den bisher diskutiertenn Teilschritten zur Ermittlung von Fertigungsablaufvarianten wurden ausschließlich Einzelbearbeitungselemente spanender Fertigungsverfahren berücksichtigt. Um jedoch Werkstücke versand- oder montagefertig herstellen zu können, müssen auch die als Hilfsarbeitsvorgänge bezeichneten vor- bzw. nachbereitenden Tätigkeiten in die Beschreibung der Fertigungssablaufvarianten aufgenommen werden.

Zu diesen Hilfsarbeitsvorgängen zählen alle Reinigungs- oder Konservierungsvorgänge, die nach einzelnen Fertigungsschritten notwendig sind, ebenso alle manuellen Tätigkeiten wie Anreissen oder Entgraten der Werkstücke. Weitere Hilfsarbeitsvorgänge im Sinne der Verfahrensteilung sind Meß- und Prüfvorgänge, die in Abhängigkeit von den Genauigkeitsanforderungen und betriebsüblichen Richtlinien nach den entsprechenden Teilarbeitsvorgängen in die Fertigungsablaufvarianten integriert werden müssen.

Analysiert man die fertigungstechnischen Abhängigkeiten zwischen verschiedenen Einzelbearbeitungselementen und Hilfsarbeitsvorgängen, so lassen sich im Hinblick auf die Integration von Hilfsarbeitsvorgängen in eine Fertigungsablaufvariante zwei Arten von Zuordnungsbeziehungen unterscheiden (Bild 28).

Bei einer festen Zuordnung sind ein Teilarbeitsvorgang und ein oder auch mehrere Hilfsarbeitsvorgänge zu einer Zwangsfolge miteinander verknüpft. So bedingt etwa das Bohren das anschließende Entgraten einer Durchgangbohrung, oder das Induktionshärten ein vorheriges Waschen und Entfetten des Werkstücks.

Im Gegensatz hierzu gibt es eine große Zahl an Hilfsarbeitsvorgängen, die bestimmten Teilarbeitsvorgängen nur fallweise, aufgrund eines heuristischen Planungswissens, zugeordnet werden können. Die Entscheidung über die Notwendigkeit eines

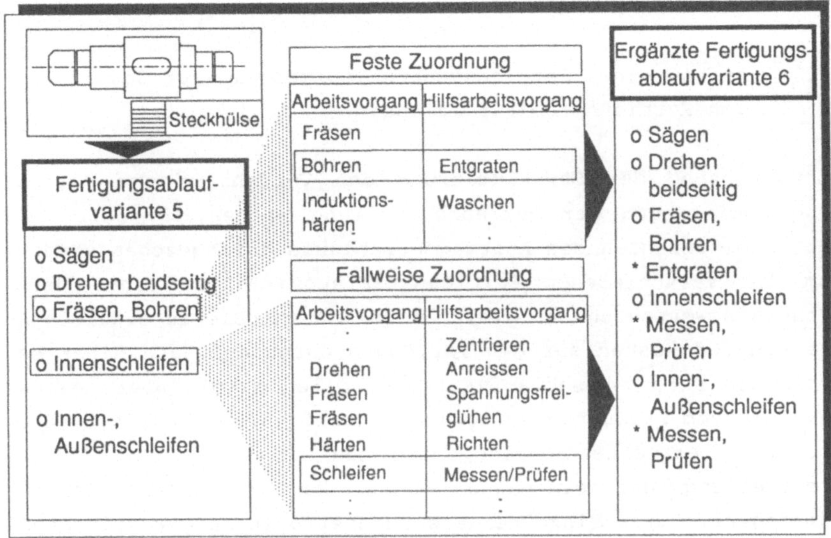

**Bild 28: Integration von Hilfsarbeitsvorgängen
in Bearbeitungsablaufvarianten**

Hilfsarbeitsvorgangs wird in Abhängigkeit vom aktuell gewählten Werkstoff, der Stabilität des Werkstücks, den werkstückspezifischen Genauigkeitsanforderungen und den nachfolgenden Teilarbeitsvorgängen getroffen. Bei der in Bild 28
dargestellten Steckhülse obliegt es z.B. der Einschätzung des
Planers, ob nach der Wärmebehandlung zusätzlich ein Richten
des Werkstücks erforderlich wird.

7.1   Aufbau eines Fertigungsdurchlaufmodells zur Bewertung von Fertigungsablaufvarianten

Entsprechend der Strukturierung des Verfahrens zur Planung und Optimierung der Verfahrensteilung sollen die Zeit- und Kostendifferenzen des Auftragsdurchlaufs herangezogen werden, um die verschiedenen Fertigungsablaufvarianten eines Werkstücks bewerten und vergleichen zu können. Die zu erwartenden Zeiten und Kosten für den Fertigungsdurchlauf nach einer bestimmten Fertigungsablaufvariante sollen dabei immer bezogen auf die vom Produktionsprogramm aktuell vorgegebene Auftragslosgröße errechnet werden, um eine Anpassung der Verfahrensteilung der einzelnen Werkstücke an unterschiedliche Mengenstrukturen einzelner Planungsperioden zu gewährleisten.

Um die einzelnen Auswirkungen unterschiedlicher Formen der Verfahrensteilung systematisch und vollständig quantifizieren zu können, muß der Auftragsdurchlauf in einem Modell des betrachteten Fertigungsbereichs abgebildet werden. Voraussetzung hierfür ist, daß der Ausschnitt der realen Fertigung, die durch das Modell abgebildet werden soll, so festgelegt wird, daß die auf die gewählte Verfahrensteilung zurückzuführende Inanspruchnahme einzelner Leistungen des Fertigungsbereichs eindeutig von den Auswirkungen anderer betrieblicher Planungsentscheidungen abgegrenzt werden kann. Ausgehend von den in Kapitel 2 bereits qualitativ beschriebenen Auswirkungen der Verfahrensteilung ergeben sich die in Bild 29 dargestellten Systemgrenzen eines Fertigungsdurchlaufmodells zur Bewertung von Fertigungsablaufvarianten.

Von der materialflußbezogenen Betrachtung des Auftragdurchlaufs ausgeschlossen werden das Rohteilelager sowie das Fertigwarenlager, da die Aufenthaltsdauer eines Werkstücks bzw. Auftrags nicht von der gewählten Verfahrensteilung abhängt, sondern von den Planungen und Entscheidungen der übergeordneten Zeit- und Materialwirtschaft eines Betriebs.

Aus organisatorischer Sicht wirkt sich die Verfahrensteilung
auf den Aufwand aus, der zur Vorbereitung, Abwicklung und

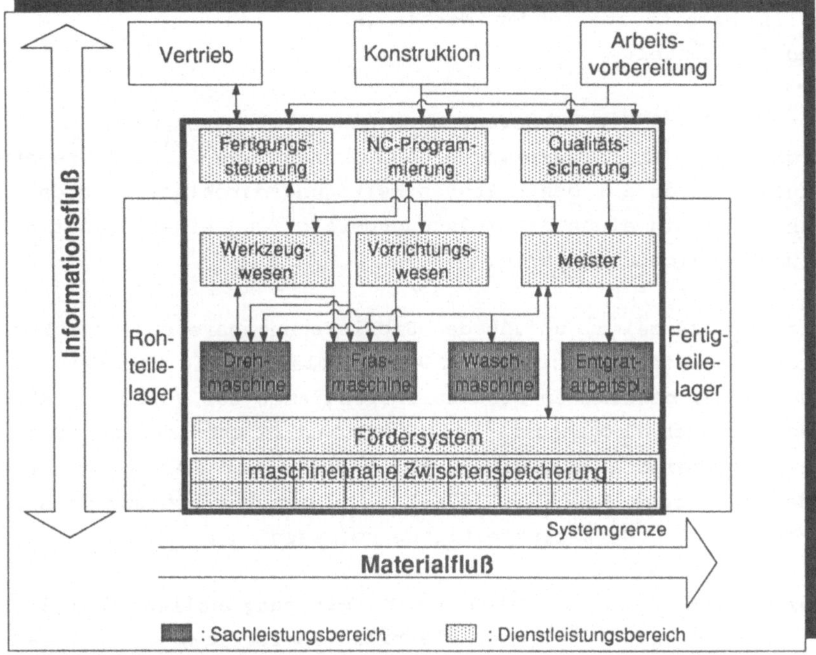

**Bild 29: Fertigungsdurchlaufmodell zur Bewertung von
Fertigungsablaufvarianten**

Überwachung einzelner Fertigungsaufträge erforderlich ist.
Ein Modell zur Bewertung von Fertigungsablaufvarianten muß
deshalb auch die der eigentlichen Fertigung vorgelagerten Bereiche Fertigungssteuerung, Werkzeugwesen, Qualitätssicherung
und, falls numerisch gesteuerte Maschinen vorhanden sind,
auch die NC-Programmierung umfassen.

Verglichen mit den Maschinenbedienern und den Fertigungseinrichtungen tragen diese Bereiche nur indirekt zur Herstellung
eines Werkstücks bei. Die Beschäftigung dieser indirekten Bereiche und die daraus resultierenden Kosten hängen nur davon
ab, wie oft sie infolge einer bestimmten Verfahrensteilung
für einen Auftrag in Anspruch genommen werden, nicht jedoch

von der jeweiligen Auftragsstückzahl. So bestimmt bespiels-
weise ausschließlich die Anzahl Teilarbeitsvorgänge einer
Fertigungsablaufvariante die Art und die Häufigkeit der jeweils bereitzustellenden Werkzeuge, Vorrichtungen oder Meß-
und Prüfmittel.

Ausgehend von der Forderung nach einer verursachungsgerechten
Ermittlung der Auswirkungen unterschiedlicher Fertigungsablaufvarianten auf den späteren Fertigungsdurchlauf wird daher
das Modell in einen Sachleistungsbereich und einen Dienstleistungsbereich unterteilt.

Wie Bild 29 zeigt, umfaßt der Sachleistungsbereich einer Fertigung Werkzeugmaschinen und Arbeitsplätze, die zur Herstellung eines bestimmten Produktionsprogramms zur Verfügung stehen. Je nach Aufgabenstellung kann der zu betrachtende Sachleistungsbereich nur wenige Maschinen einer Fertigungsinsel
oder sämtliche Maschinen einer nach dem Verrichtungsprinzip
organisierten Werkstattfertigung umfassen.

Zum Dienstleistungsbereich einer Fertigung sollen alle Einrichtungen gezählt werden, die nicht unmittelbar an dem Bear-
beitungsprozeß eines Werkstücks beteiligt sind, deren Vorhan-
densein jedoch eine unabdingbare Voraussetzung für die tech-
nisch-organisatorische Abwicklung einzelner Fertigungsaufträge darstellt. Zum Dienstleistungsbereich gehören nach dieser Abgrenzung somit Transportsystem, Lagersystem, Qualitätssicherung, Werkzeug- bzw. Vorrichtungswesen einer Fertigung
sowie die Fertigungssteuerung und die NC-Programmierung. Cha-
rakteristisch für den Dienstleistungsbereich ist, daß durch
die ständige Einsatzbereitschaft aller Subsysteme eine Ser-
vicefunktion für den Sachleistungsbereich ausgeübt wird.

7.2   Quantifizierung der verfahrensteilungsspezifischen
        Zeitanteile des Fertigungsdurchlaufs

Ausgehend von den Systemgrenzen des im vorangegangenen Abschnitt definierten Fertigungsdurchlaufmodells muß ein für

die Bewertung von Fertigungsablaufvarianten verbindliches Berechnungsschema zur Ermittlung verfahrensteilungsspezifischer Zeitanteile festgelegt werden. Als Basis für eine auf die Belange der Verfahrensteilung ausgerichteten Zeitgliederung können die nach /73/ zu unterscheidenden Anteile der Durchlaufzeit eines Auftrags (Bild 30) herangezogen werden. Es muß im einzelnen überprüft werden, ob diese Zeitanteile von einer bestimmten Form der Verfahrensteilung beeinflußt werden, und ob sie dem Sachleistungs- oder dem Dienstleistungsbereich des Fertigungsdurchlaufmodells zugerechnet werden können.

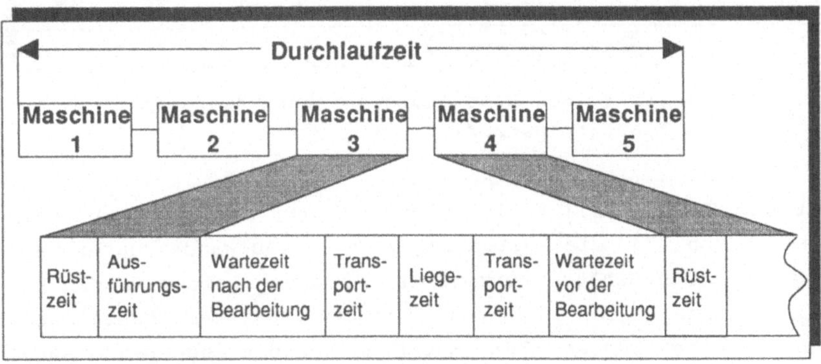

Bild 30: Gliederung der Durchlaufzeit eines Auftrags nach /73/

Die gewählte Verfahrensteilung drückt sich direkt in der Ausführungszeit eines Teilarbeitsvorgangs bzw. Arbeitsvorgangs aus und bestimmt den Kapazitätsbedarf im Sachleistungsbereich. Für die Berechnung der Ausführungszeit stehen verschiedene Methoden und Hilfsmittel zur Verfügung /74/, die sich aufgrund ihrer spezifischen Einsatzmerkmale unterschiedlich für die vorliegende Aufgabenstellung eignen (Bild 31). Da die Zeitermittlung im Gegensatz zur herkömmlichen Arbeitsplanerstellung hier für die Arbeitsvorgänge mehrerer Fertigungsablaufvarianten gleichzeitig vorgenommen werden muß, eignen sich nur die Verfahren und Hilfsmittel, die einen sinnvollen Kompromiß zwischen Planungsgenauigkeit und Planungsaufwand darstellen.

Kenngrößen	Zeitermittlung						
	synthetisch		empirisch		analytisch		
	Systeme vorbestimmter Zeit (MTM)	Planzeittabellen	Ableitung aus vorhandenen Arbeitsplänen	Schätzen	Kurzkalkulationsverfahren	Zeitrichtwert-Diagramme /Nomogramme	Formel zur Schnittwert und Vorgabezeitoptimierung
Aufwand für die Zeitermittlung	●	○	◒	○	◒	◒	●
Genauigkeit der Zeitermittlung	●	○	○	○	◒	○	●
Aktualisierungsaufwand	○	◒	○	○	●	●	◒

● hoch ◒ mittel ○ gering

Bild 31: Verfahren zur Bestimmung der Ausführungszeit je Einheit, nach /74/

Bei der Einzel- und Kleinserienfertigung wird nach Untersuchungen von /75/ die Ausführungszeit aus Aufwandsgründen nach wie vor durch Schätzen ermittelt. Da diese Zeiten in der Regel zwischen 10 und 15 Prozent von den exakt berechneten Zeiten abweichen können /76/, muß dies bei der späteren Auswahl von Fertigungsablaufvarianten, beispielsweise bei der Interpretation von Optimierungsergebnissen und Kapazitätsübersichten durch entsprechende Sicherheitsfaktoren mitberücksichtigt werden.

Sind die Fertigungsablaufvarianten eines Werkstücktyps hauptsächlich durch den Einsatz unterschiedlich hoch automatisierter Maschinenkonzepte gekennzeichnet, so kann durch Anwendung empirisch ermittelter Umrechnungsfaktoren beispielsweise von den Haupt- und Nebenzeiten konventionell gesteuerter Drehmaschinen auf die korrespondierenden Zeiten numerisch gesteuerter Drehmaschinen hochgerechnet werden /77/.

Um auch die Mehrseitenbearbeitung eines Werkstücks abbilden zu können, beziehen sich die angegebenen Ausführungszeiten stets sich dabei auf die Summe der Vorgabezeiten aller Teilarbeitsvorgänge, die zu einem Arbeitsvorgang zusammengefaßt

worden sind. Diese Vereinbarung hat allerdings zur Folge, daß
im Falle einer parallelen Bearbeitung von zwei Werkstücken
auf einer Maschine in zwei unterschiedlichen Teilarbeitsvorgängen (Bild 32) nur die größte der beiden Zeiten je Einheit
für Kapazitätsbetrachtungen, beispielsweise zur Optimierung
der Verfahrensteilung herangezogen werden darf.

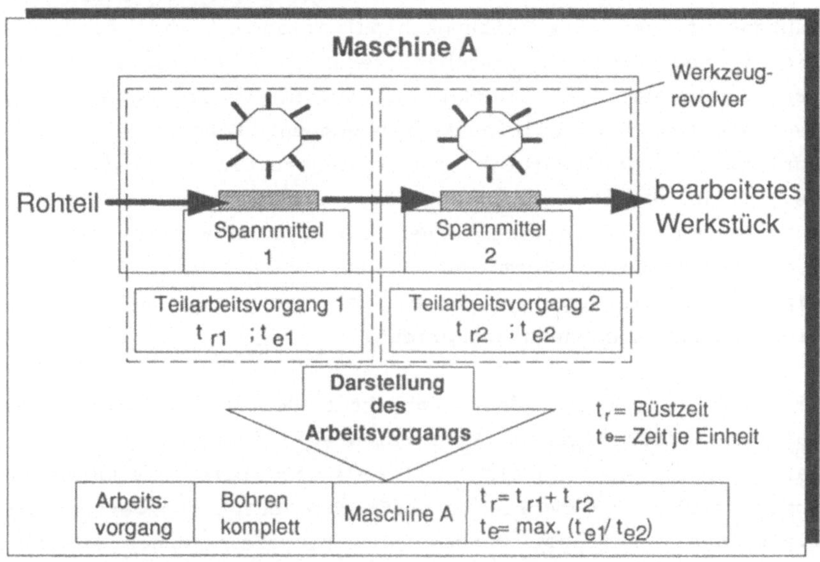

**Bild 32: Bestimmung der Ausführungszeit bei
paralleler Bearbeitung mehrerer Teilarbeitsvorgänge auf einer Maschine**

Die für jeden Teilarbeitsvorgang bzw. Arbeitsvorgang anfallenden Rüstzeiten sind im allgemeinen unabhängig von der
Auftragslosgröße und werden daher dem Dienstleistungsbereich
zugeordnet. Die Höhe der Rüstzeit eines Arbeitsvorgangs ist
im wesentlichen maschinenspezifisch, und kann daher bei Wie-
derholrüstungen als Durchschnittswert direkt entsprechenden
Unterlagen der Arbeitsvorbereitung entnommen werden.

Untersuchungen in zahlreichen Maschinenbauunternehmen /78/
haben jedoch gezeigt, daß der Anteil der Transportzeit an der
gesamten Durchlaufzeit eines Fertigungsauftrags im allgemei-

nen unter 2 % liegt. Da dieser Zeitanteil im Hinblick auf die Ermittlung einer durchlaufzeitoptimalen Verfahrensteilung vernachlässigt werden kann, wird nur die Notwendigkeit eines Transportvorgangs, nicht jedoch die Transportzeit im Fertigungsdurchlaufmodell abgebildet.

Ein wesentliches Kennzeichen von unterschiedlich stark verfahrensteiligen Bearbeitungsablaufvarianten ist die Häufigkeit und Dauer von Zwischenlagerungen eines Fertigungsauftrags zwischen zwei Bearbeitungsstufen. Im Fertigungsdurchlaufmodell der Produktionskostenrechnung können Wartezeiten vor und nach der Bearbeitung und Liegezeiten unter dem Oberbegriff Liegezeiten zusammengefaßt werden, da eine Beibehaltung dieser Unterteilung keine zusätzlichen Rückschlüsse auf die bestgeeignete Form der Verfahrensteilung erlaubt und einen Detaillierungsgrad suggeriert, der nicht dem Charakter einer Planungsrechnung entspricht.

Im Hinblick auf die Übertragbarkeit der Planungsergebnisse auf den späteren realen Produktionsablauf müssen die zu erwartenden Liegezeiten eines Auftrags vor einer bestimmten Maschine anhand von betriebsspezifischen Erfahrungswerten bzw. Zielgrößen festgelegt werden. Die Liegezeit eines Auftrags vor einer Maschine hängt von deren aktuellen Kapazitätsauslastung und den für die Fertigungssteuerung angewandten Algorithmen ab. Zum Zeitpunkt der Bewertung einzelner Bearbeitungsablaufvarianten eines Werkstücktyps ist jedoch noch nicht bekannt, welche Kapazitätsauslastung sich für die betreffenden Maschinen durch die Fertigungsablaufvarianten anderer Werkstücke exakt ergeben wird.

Dem Fertigungsdurchlaufmodell liegt daher die vereinfachende Annahme zugrunde, daß die Verfahrensteilung nicht unmittelbar die Liegezeit vor einer Maschine oder einem Handarbeitsplatz beeinflußt, und daß somit für die zeitliche Bewertung von Fertigungsablaufvarianten maschinenbezogene Durchschnittsliegezeiten angesetzt werden können. Eventuelle Verzögerungen im Fertigungsdurchlauf eines Werkstücks, die auf unvorhergesehene Maschinenstillstände oder die bevorzugte Abwicklung von Eilaufträgen zurückzuführen sind, können bei dieser Prognoserechnung nicht berücksichtigt werden. Erfolgt die Disposition der Aufträge in einem Fertigungsbereich mittels eines Produktionsplanungs- und -steuerungs-Systems (PPS-System), so müssen die im Fertigungsdurchlaufmodell abgebildeten Liegezeiten den Übergangszeiten, die im PPS-System zur Kapazitäts- und Terminplanung verwendet werden, entsprechen.

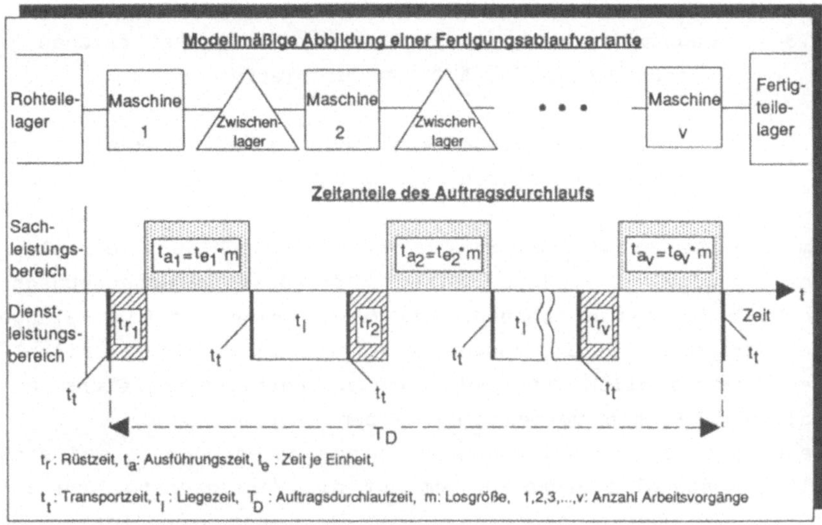

Bild 33: Darstellung einer Fertigungsdurchlaufvariante im Fertigungsdurchlaufmodell

Bild 33 zeigt zusammenfassend die für die Bewertung von Fertigungsablaufvarianten maßgebenden Zeitanteile des Sach- bzw. Dienstleistungsbereichs einer Fertigung.

Die für eine Fertigungsablaufvariante j eines Werkstücks i charakteristische, auf die gewählte Verfahrensteilung zurückzuführende Auftragsdurchlaufzeit T_{Di} errechnet sich somit wie folgt:

$$T_{D_{ij}} = \sum_{f=1}^{v} t_{a_{ijf}} + \sum_{f=1}^{v} t_{r_f} + \sum_{f=1}^{v-1} t_{l_f} \qquad (1)$$

mit t_a: Ausführungszeit

t_r: Rüstzeit

t_l: Liegezeit

f: Anzahl Arbeitsvorgänge je Fertigungsablaufvariante

7.3 Quantifizierung der verfahrensteilungsspezifischen Kostenanteile des Auftragsdurchlaufs

7.3.1 Herleitung einer Kostengliederung auf der Basis des Fertigungsdurchlaufmodells

Um die Kostendifferenzen des Auftragsdurchlaufs einzelner Fertigungsablaufvarianten eines Werkstücks verursachungsgerecht bestimmen zu können, muß zuerst eine auf die Belange der Verfahrensteilung ausgerichtete Gliederung der in einzelnen Kostenstellen des betrachteten Fertigungsbereichs anfallenden Kosten vorgenommen werden. Entsprechend der Zielsetzung einer verursachungsgerechten Kostenprognose muß sich diese Kostengliederung an dem auf die Verfahrensteilung zurückzuführenden Werteverzehr einer Fertigung orientieren.

Die einzelnen Bestandteile dieser Kostengliederung ergeben sich aus den beim Auftragsdurchlauf auszuführenden Verrichtungen (wie Rüsten, Transportieren, Kontrollieren) sowie aus deren Auswirkungen (z.B. Bestände, Durchlaufzeiten). Als Basis für die systematische Herleitung einer Kostengliederung dient wiederum das Fertigungsdurchlaufmodell. Mit jedem Übergang eines Auftrags vom Dienstleistungs- in den Sachleistungsbereich oder umgekehrt sind im realen Fertigungsgeschehen beispielsweise bestimmte, oftmals standardisierte Abläufe der Material- und Informationsbereitstellung verbunden. Ausgehend von der herkömmlichen Kostengliederung auf Vollkostenbasis /24/ muß für jede der zu betrachtenden Kostenstellen untersucht werden, welche der einzelnen Kostenarten sich proportional zur Verfahrensteilung verhalten. Da die Verfahrens-

teilung für einen bestimmten, abgeschlossenen Planungszeitraum optimiert werden soll, sind hierbei nur solche Kosten
maßgebend, die durch eine Variation der Verfahrensteilung
auch tatsächlich kurzfristig beeinflußt werden können.

Mit dieser Vorgehensweise läßt sich die in Bild 34 darge-
stellte Kostengliederung ermitteln. Die Kosten des Auftragsdurchlaufs, die aufgrund der für eine bestimmte Fertigungsablaufvariante gewählten Verfahrensteilung zu erwarten sind,
und zur späteren Bewertung konkurrierender Fertigungsablaufvarianten eines Werkstücks herangezogen werden können, sollen
hier als Fertigungsdifferenzkosten bezeichnet werden. Im Hinblick auf eine bei der Optimierung der Verfahrensteilung mögliche, in ihrer Größe jedoch nicht vorherzusagenden Aufspaltung der Auftragsstückzahl eines Werkstücks auf mehrere
Fertigungsablaufvarianten müssen die Fertigungsdifferenzkosten entsprechend ihrer Beeinflußbarkeit durch die Verfahrensteilung in Bearbeitungskosten und Auftragsabwicklungskosten aufgeteilt werden (Bild 34).

Fertigungsdifferenzkosten		
Bearbeitungskosten K_B	**Auftragsabwicklungskosten K_A**	
o Materialkosten K_H	o Rüstkosten K_R	o Werkstattsteuerungskosten K_D
o Lohnkosten K_L	o Transportkosten K_T	o Sonderwerkzeugkosten K_{SW}
o Maschinenkosten K_M	o Lagerkosten K_S	o Sondervorrichtungskosten K_{SV}
o Anlagekosten K_O (Wärme-, Oberflächen- behandlung)	o Werkzeugbereit- stellungskosten K_W	o Sondermeß- und Prüfmittel-Kosten K_{SQ}
o Arbeitsplatzkosten K_P	o Vorrichtungsbereit- stellungskosten K_V	o Vorbereitungskosten K_U
o Bestandskosten K_K	o Qualitätssicherungs- kosten K_Q	

Bild 34: Gliederung der Fertigungsdifferenzkosten

Unter dem Oberbegriff **Bearbeitungskosten** sind alle Kosten zusammengefaßt, die im Sachleistungsbereich für die eigentliche
Herstellung eines Werkstücks gemäß einer bestimmten Fertigungsablaufvariante anfallen. Die Bearbeitungskosten verhal-

ten sich proportional zu der nach dieser Fertigungsablaufvariante zu fertigenden Stückzahl eines Werkstücks. Neben den Materialkosten gehören zu ihnen die Lohnkosten der für die Bearbeitung dieser Werkstücke eingesetzten Mitarbeiter sowie die direkt zurechenbaren Kosten für die Inanspruchnahme der benötigten Fertigungseinrichtungen. Zu den Bearbeitungskosten hinzugerechnet werden auch alle Kosten für die Wärme- bzw. Oberflächenbehandlung, das Reinigen oder Entgraten der Werkstücke, da es sich hierbei im Sinne des Fertigungsdurchlaufmodells ebenfalls um Arbeitsvorgänge mit Wertschöpfungscharakter handelt. Ausgehend von der eingangs aufgestellten Forderung, monetär nicht direkt quantifizierbare Auswirkungen der Verfahrensteilung mit Hilfe entsprechender Bezugsgrößen in monetär quantifizierbare Auswirkungen zu transformieren, werden Bestandskosten herangezogen, um die unterschiedlichen Durchlaufzeiten von Fertigungsablaufvarianten durch die damit verbundene Kapitalbindung bewerten zu können. Da die Bestandskosten neben dem Wert des Werkstücks auf einzelnen Fertigungsstufen ausschließlich von der Stückzahl einer Fertigungsdurchlaufvariante abhängen, werden sie hier zu den Bearbeitungskosten gezählt.

Die **Auftragsabwicklungskosten** fallen dagegen generell für den Auftragsdurchlauf nach einer bestimmten Fertigungsablaufvariante an, unabhängig von dem jeweiligen Aufteilungsverhältnis der Fertigungsstückzahlen eines Werkstücks. Im Dienstleistungsbereich beeinflußt die Verfahrensteilung neben den Kosten für Lagerung, Transport und Handhabung der Werkstücke auch die auftragsbezogenen Aufwendungen für die Bereitstellung von Werkzeugen, Vorrichtungen sowie Meß- und Prüfmittel. Zu den Auftragsabwicklungskosten K_A sind grundsätzlich auch diejenigen Kosten zu zählen, die durch den zur Auftragsabwicklung gemäß einer bestimmten Fertigungsablaufvariante erforderlichen Informationsfluß verursacht werden.

Zu den Auftragsabwicklungskosten zählen auch werkstückbezogene Auftragszusatzkosten, die für jede Fertigungsablaufvariante in unterschiedlicher Höhe anfallen können. Zum einen entstehen sie für die Beschaffung spezieller Werkzeuge, Vorrichtungen oder Meß- und Prüfmittel, die nur bei einer einzigen Fertigungsablaufvariante eingesetzt werden können. Zum anderen fallen sie immer dann an, wenn ein Werkstück zukünftig nach einer anderen Fertigungsablaufvariante gefertigt werden soll als bisher, für die bereits alle NC-Programme, Werkzeuglisten oder Vorrichtungsskizzen existieren. Die Berücksichtigung der Beschaffungs- und Vorbereitungskosten soll dazu beitragen, insbesondere bei kurzen Planungsperioden für eine bestehende Fertigung den Änderungs- und Aktualisierungsaufwand von Fertigungsunterlagen zu begrenzen, und nur bei gravierenden Einsparungsmöglichkeiten an Bearbeitungs-, Auftragsabwicklungs- oder Bestandskosten die Substitution einer bereits fertigungstechnisch realisierten Bearbeitungsvariante zu ermöglichen.

7.3.2   Planung von Kostensätzen

Um mit Hilfe der verrichtungsorientiert gegliederten Fertigungsdifferenzkosten die Kosten des Auftragsdurchlaufs eines Werkstücks nach einer bestimmten Fertigungsablaufvariante errechnen zu können, müssen zuvor Kostensätze für die Inanspruchnahme der verschiedenen Einrichtungen des Sach- oder Dienstleistungsbereiches festgelegt werden. Entsprechend der Zielsetzung einer verursachungsgerechten Kostenermittlung müssen im Rahmen einer Kostenplanung die Kosten einzelner Kostenstellen der Fertigung so aufgespalten werden, daß für alle Verrichtungen die direkt in Zusammenhang mit der Verfahrensteilung stehenden Kostenanteile verrechnet werden können.

In Anlehnung an /79/ kann die Planung der Kostensätze gemäß den in Bild 35 veranschaulichten Teilschritten vorgenommen werden.

Zunächst müssen für die Planung der Kostensätze der einzelnen Bearbeitungs- und Auftragsabwicklungskosten Bezugsgrößen festgelegt werden. Diese Bezugsgrößen werden hier so gewählt, daß sie einen direkten Bezug zu den Verrichtungen haben, die

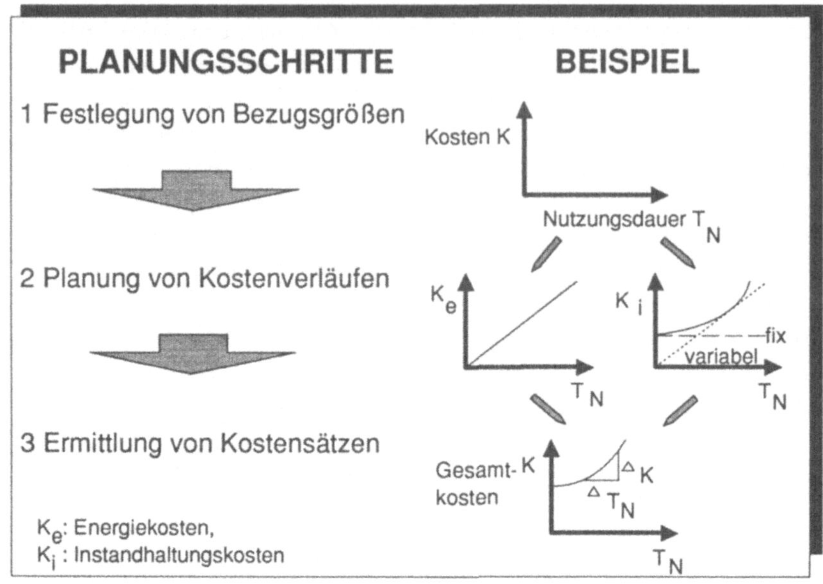

Bild 35: Vorgehen zur Planung von Kostensätzen

gemäß dem Fertigungsdurchlaufmodell später für die Abwicklung eines Fertigungsauftrags anfallen. Diese Bezugsgrößen bilden die Grundlage für die Aufspaltung der Kosten einer Kostenstelle in fixe und zur Verfahrensteilung proportionale Kostenanteile. Hierzu werden planerisch die Auslastung bzw. die Beschäftigung in den einzelnen Kostenstellen variiert, um den zu erwartenden Kostenverlauf[10] als Funktion der jeweiligen Bezugsgröße darstellen zu können. Aus der Steigung der Kostenfunktion kann in einem abschließenden Planungsschritt für die betreffende Komponente der Fertigungsdifferenzkosten der zugehörige Kostensatz ermittelt werden.

---

10 Gestützt auf zahlreiche Untersuchungen in Produktionsbetrieben /80/ kann bei einer Kostenplanung näherungsweise von linearen Kostenverläufen für alle Kostenarten ausgegangen werden. Die Prämisse linearer Kostenfunktionen ist immer dann erfüllt, wenn innerhalb der betrachteten Planungsperiode die Preise für einzelne Produktionsfaktoren, wie beispielsweise Material oder Energie, als konstant angesehen werden können /81/.

Für die Berechnung der Bearbeitungskosten einer Fertigungsablaufvariante müssen Kostensätze sowohl für das im Sachleistungsbereich tätige Personal als auch für die Nutzung der Fertigungseinrichtungen ermittelt werden. In der Fertigung läßt sich eine nahezu vollständige Anpassung des Arbeitskräfteeinsatzes an die jeweilige Beschäftigungslage nur dann erreichen, wenn die Arbeitskräfte entsprechend ihrer Qualifikation zwischen mehreren Maschinengruppen bzw. sogar zwischen mehreren Fertigungsbereichen ausgetauscht werden können. Unter dieser Voraussetzung lassen sich alle Fertigungslöhne den proportionalen Kosten zuordnen. Mit zunehmender Spezialisierung der Arbeitskräfte nehmen allerdings die Austauschmöglichkeiten zwischen einzelnen Fertigungsbereichen ab, wodurch eine Anpassung an Beschäftigungsschwankungen erschwert wird.

Die Lohnkosten der Werker im Sachleistungsbereich können daher nicht pauschal als entscheidungsrelevante Kosten einer Fertigungsablaufvariante zugerechnet werden. Vielmehr muß in Abhängigkeit von der Entlohnungsform und dem Tätigkeitsumfang für jeden Arbeitsplatz festgelegt werden, welcher Anteil der zugehörigen Lohnkosten sich proportional zur Verfahrensteilung verhalten soll (Bild 36). Als Bezugsgröße für die Kostenplanung wird die Ausführungszeit herangezogen.

Die größte Abhängigkeit von der Verfahrensteilung besteht bei Akkordlöhnen, da alle über die Grundentlohnung hinausgehenden Kosten in direktem Bezug zu den zu fertigenden Werkstücken stehen. Soll dagegen beispielsweise für einen Zulieferbetrieb die optimale Verfahrensteilung für die kommende Woche festgelegt werden, so sind nahezu alle Zeit- und Prämienlöhne als fix und damit als nicht entscheidungsrelevant anzusehen (Bild 37). Ein größerer Dispositionsspielraum des Personaleinsatzes liegt dagegen vor, wenn aufgrund langfristig gültiger Produktionsprogramme die Verfahrensteilung für das übernächste Quartal geplant werden soll. In Anbetracht dieser vergleichsweise großen Fristigkeitsgrade sind eventuell nur noch die Kosten für hochspezialisierte Facharbeiter als

Arbeitsplatz/ Kostenstelle	Entlohnungs- form	Lohn- gruppe	Anteil fixer Lohnkosten	Anteil proportionaler Lohnkosten
Universaldreh- maschine 1904	Zeitlohn	6	100 %	0 %
CNC-Schrägbett- drehmaschine 5703	Zeitlohn	7	90 %	10 %
CNC-Außenrund- schleifmaschine 5717	Prämien- lohn	9	75 %	25 %
Entgratarbeits- platz 1833	Akkord- lohn	4	30 %	70 %

Bild 36: Beispielhafte Aufteilung der Lohnkosten in Abhängigkeit von der Verfahrensteilung

fix anzusehen, der treppenförmige Verlauf der Lohnkosten kann in diesem Fall durch eine lineare Kostenfunktion approximiert werden.

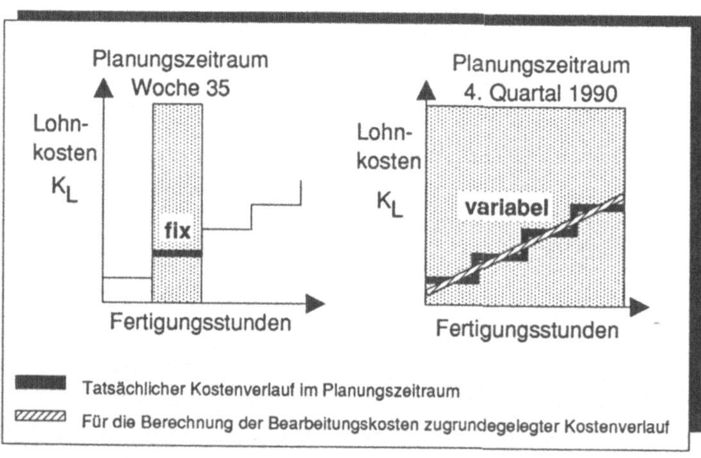

Bild 37: Abhängigkeit der Lohnkostensätze vom Planungszeitraum

Die Kostensätze für die Nutzung der einzelnen Fertigungseinrichtungen entsprechen in ihrem Aufbau den auf Vollkostenbasis ermittelten Maschinenstundensätzen /24/. Im Gegensatz zu den Maschinenstundensätzen wird jedoch in Form einer analytischen Kostenplanung /79/ für jede einzelne Kostenart festgelegt, in welchem Umfange der Kostenverlauf von der Verfahrensteilung abhängt. Aufgrund unterschiedlichen Alters und technischen Leistungsvermögens muß im allgemeinen für jede Maschine ein spezifischer Kostensatz ermittelt werden, wobei die Maschinenlaufzeit als Bezugsgröße für die Planung der einzelnen Kostenarten herangezogen werden kann.

Der Wertverzehr von Betriebsmitteln, dessen kostenmäßiges Äquivalent die kalkulatorischen Abschreibungen sind, kann sowohl auf sogen. Gebrauchsverschleiß als auch auf sogen. Zeitverschleiß zurückgeführt werden /82/. Der Gebrauchsverschleiß hängt von den geleisteten Betriebsstunden ab und wird durch die Prozeßbedingungen beeinflußt. Der Gebrauchsverschleiß führt zu beschäftigungsabhängigen kalkulatorischen Abschreibungen. Ein Zeitverschleiß an Betriebsmitteln ist in erster Linie auf Korrosion und Umgebungseinflüsse zurückzuführen. Der Zeitverschleiß führt zu beschäftigungsunabhängigen kalkulatorischen Abschreibungen.

Unter der Annahme, daß Zeit- und Gebrauchsverschleiß an einer Fertigungseinrichtung gleichzeitig auftreten, kann nach /83/ mit Hilfe eines Näherungsverfahrens eine kritische Beschäftigung[11] errechnet werden, bis zu der die kalkulatorischen Abschreibungen in voller Höhe fixe Kosten sind (Bild 38). Erst bei einer Beschäftigung, die über der kritischen Beschäftigung liegt, treten proportionale Abschreibungen auf.

Bei technisch ausgereiften Fertigungseinrichtungen kann davon ausgegangen werden, daß der Gebrauchsverschleiß den Zeitverschleiß überwiegt, und die Beschäftigung einer Maschine somit

---

11 Die theoretisch einwandfreie Berechnung entscheidungsrelevanter Abschreibungen ist, wie Untersuchungen von /82/ gezeigt haben, außerordentlich schwierig. Für die Planung bzw. Kostenauflösung kalkulatorischer Abschreibungen hat sich deshalb in der Praxis ein auf /83/ zurückgehendes Näherungsverfahren durchgesetzt /84/.

über der kritischen Beschäftigung liegt. Da die Verfahrensteilung die Beschäftigung einer Fertigungseinrichtung bestimmt, müssen die kalkulatorischen Abschreibungen infolge
Gebrauchsverschleiß bei der Berechnung der Bearbeitungskosten
einer Fertigungsablaufvariante mitberücksichtigt werden.

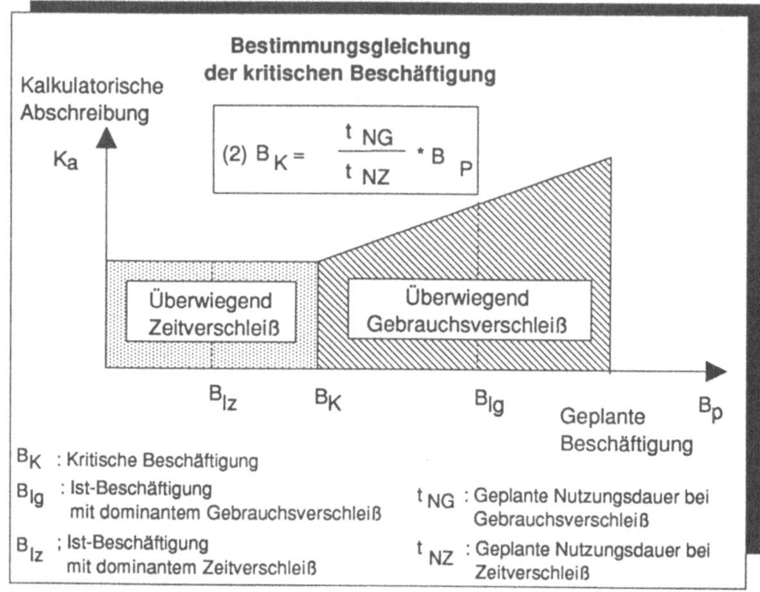

**Bild 38: Sollkostenverlauf kalkulatorischer Abschrei-
bungen bei Zeit- und Gebrauchsverschleiß**

Für den Verlauf der kalkulatorischen, monatlichen Abschreibungen K_a einer Werkzeugmaschine mit dem Wiederbeschaffungspreis W gilt nach dem oben beschriebenen Näherungsverfahren
unter Berücksichtigung der geplanten Nutzungsdauer des Zeitverschleisses t_{NZ} und der geplanten Nutzungsdauer des Ge-
brauchsverschleisses t_{NG} entsprechend dem zu erwartenden Verhältnis der Ist-Beschäftigung B_I zu der Planbeschäftigung B_P:

$$K_a = \frac{W}{12\,t_{NZ}} + \left[\frac{W}{2\,t_{NG}} - \frac{W}{12\,t_{NZ}} \right] * \frac{B_I}{B_P} \qquad (3)$$

Der Ausdruck in eckiger Klammer entspricht der Differenz zwischen den getrennt ermittelten monatlichen Abschreibungsbe-

trägen des Gebrauchs- und des Zeitverschleisses. Nur dieser Betrag wird den proportionalen Kosten zugeordnet. Bei Überwiegen des Zeitverschleißes wird der Ausdruck in der eckigen Klammer negativ; die Gleichung (3) wird aber so gehandhabt, daß in diesen Fällen der Klammerausdruck gleich Null gesetzt wird, hierdurch werden die gesamten Abschreibungen zu fixen Kosten /83/.

Die für die Ermittlung verfahrensteilungsspezifischer Kostensätze notwendigen Auflösung der Reparatur- und Instandhaltungskosten in fixe und proportionale Anteile kann ähnlich durchgeführt werden wie die eben beschriebene Kostenauflösung der kalkulatorischen Abschreibungen. Aufbauend auf betriebsspezifischen Erfahrungswerten[12] muß festgelegt werden, inwieweit einzelne Reparatur- oder Instandhaltungsaufgaben auf Gebrauchs- oder Zeitverschleiß zurückzuführen sind. Kosten für Reparatur- und Instandhaltungsmaßnahmen, die ausschließlich durch Gebrauchsverschleiß ausgelöst werden, sind in voller Höhe den proportionalen Kosten zuzurechnen. Dies gilt insbesondere für Reparaturen, die planmäßig nach Ablauf einer bestimmten Zahl von Betriebsstunden vorgenommen werden müssen.

Mit Hilfe der hier vorgestellten analytischen Kostenplanung können auch alle anderen, bei Fertigungseinrichtungen zu unterscheidenden Kostenarten in fixe und zur Verfahrensteilung proportionale Anteile aufgespalten, und darauf aufbauend, wie Bild 39 am Beispiel einer Drehmaschine zeigt, die entsprechenden Kostensätze abgeleitet werden.

Die Kostensätze für die einzelnen Verrichtungen im Dienstleistungsbereich können prinzipiell mit derselben Vorgehensweise geplant werden. Die analytische Kostenplanung für indirekte Fertigungsbereiche ist aufgrund der Vielzahl der zu berücksichtigenden Kostenfaktoren jedoch sehr aufwendig. Aus diesem Grund sollen die Kostensätze für Verrichtungen im Dienstleistungsbereich mit Hilfe einer statistischen Kosten-

---

12 Als Anhaltswert können dabei die Untersuchungen von /80/ gelten, nach denen zwischen 70 und 80 % aller Reparaturkosten an Werkzeugmaschinen auf Gebrauchsverschleiß zurückzuführen sind.

auflösung /79/ geplant werden. Da in indirekten Fertigungsbereichen aufgrund der hohen Fixkosten für Gehälter, Gebäude oder Abschreibungen die Abhängigkeit der Kosten von der jeweiligen Beschäftigungslage vergleichsweise geringer ist, führt die statistische Kostenauflösung, wie entsprechende Untersuchungen im Rahmen dieser Arbeit zeigen, zu keiner Ergebnisverschlechterung.

Maschinenbezeichnung: **Universaldrehmaschine** Maschinennummer: 1904 Baujahr: 1988

- Wiederbeschaffungspreis W: 350.000 DM — Motorleistung (40 % ED) P : 15 kW
- Nutzungsdauer infolge Gebrauchsverschleiß t_{NG}: 8 Jahre — Energiekostensatz K_{el}: 0,18 DM/kWh — Maschinenfläche A : 16 m^2
- Nutzungsdauer infolge Zeitverschleiß t_{NZ}: 18 Jahre — Raumkostensatz K_{fl} : 120 DM/m^2 — Zinssatz p : 9 %
- Planbeschäftigung B_P: 256 h/Monat
- Instandhaltungskostenfaktor F_i : 0,15

Kostenarten	Berechnung	Geplante Kosten		Fixe Kosten (DM/Monat)
		Gesamtkosten (DM/Monat)	Proportionale Kosten (DM/Monat)	
Kalkulatorische Abschreibung K_a	$K_a = \dfrac{W}{12 t_{NZ}} + \left[\dfrac{W}{12 t_{NG}} - \dfrac{W}{12 t_{NZ}}\right]$	3.645,--	2.025,--	1.620,--
Kalkulatorische Zinsen K_z	$K_z = \dfrac{W \cdot p}{24 \cdot 100}$	1.310,--	—	1.310,--
Raumkosten K_r	$K_r = \dfrac{K_{fl} \cdot A}{12}$	160,--	—	160,--
Energiekosten K_e	$K_e = K_{el} \cdot P \cdot B_P$	690,--	690,--	—
Instandhaltungskosten K_i	$K_i = F_i \cdot K_a$	550,--	440,--	110,--
	Summe	6.355,--	3.155,--	3.200,--
	Kostensatz		12,32 DM/h	

Bild 39 : Ermittlung des Kostensatzes von Fertigungseinrichtungen - Beispiel Universaldrehmaschine

Das in der Praxis gängigste Verfahren der statistischen Kostenauflösung ist das sog. Streupunktdiagramm /85/. Ein Streupunktdiagramm enthält auf der Abszisse die Istbezugsgrößen und auf der Ordinate die, gegebenenfalls um Kostenremanenzen und saisonale Schwankungen bereinigten Istkosten.

Als Beispiel für den Aufbau und die Auswertung eines Streupunktdiagramms zeigt Bild 40 das Streupunktdiagramm der Ko-

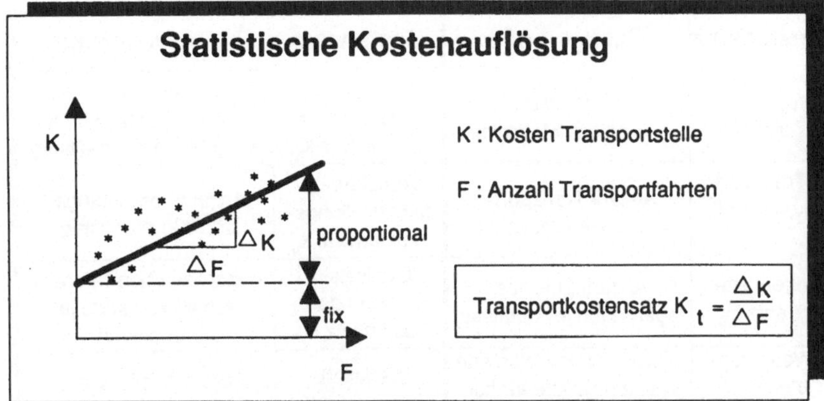

**Bild 40: Statistische Kostenauflösung zur Ermittlung
des Kostensatzes einer Transportstelle**

sten einer Transportstelle, bei der manuell bediente Förder-
mittel eingesetzt werden. Aus dem Streupunktdiagramm werden
die Kostenfunktionen in der Weise abgeleitet, daß man durch
die Streubänder der Kostenpunkte eine Ausgleichsgerade legt.
Der Schnittpunkt der Ausgleichsgeraden mit der Ordinate gibt
die Höhe der Kosten an, die, beispielsweise für einen
Disponenten, unabhängig von der Inanspruchnahme des Förder-
mittelparks in einem bestimmten Fertigungsbereich stets anfallen. Aus der Steigung der Ausgleichsgeraden können die Kosten abgeleitet werden, die für jeden einzelnen Transport-
vorgang anfallen.

In gleicher Weise können auch für alle anderen verrichtungs-
bezogenen Auftragsabwicklungskosten die entsprechenden Kostensätze hergeleitet werden. In Bild 41 sind die für eine
statische Kostenauflösung der einzelnen Auftragsabwicklungskosten zugrundezulegenden Bezugsgrößen nochmals zusammenge-
stellt.

Für das Rüsten einer Fertigungseinrichtung kann, wie in Abschnitt 7.2 bereits festgelegt wurde, ein maschinenspezifi-
scher, konstanter Zeitbedarf im Fertigungsdurchlaufmodell

Kostensatz	Bezugsgröße	Kostensatz	Bezugsgröße
Rüstkostensatz k_r	Rüstzeit der jeweiligen Maschine	Werkzeugbereitstellungskostensatz k_{wc}	Anzahl kommissionierte Werkzeugsätze für NC-Maschinen je Arbeitstag
Transportkostensatz k_t	Anzahl Transportfahrten je Arbeitstag	Vorrichtungsbereitstellungskostensatz k_v	Anzahl Vorrichtungssätze je Arbeitstag
Lagerkostensatz k_s	Anzahl Ein-/Auslagerungen je Arbeitstag	Qualitätssicherungskostensatz k_q	Anzahl zu überprüfender Arbeitsvorgänge je Arbeitstag
Werkzeugbereitstellungskosten k_{wk}	Anzahl kommissionierte Werkzeugsätze für konventionelle Werkzeugmaschinen je Arbeitstag	Werkstattsteuerungskostensatz k_d	Anzahl zu planender Arbeitsvorgänge je Arbeitstag

Bild 41: Bezugsgrößen für die Bestimmung von Kostensätzen im Dienstleistungsbereich

eingeplant werden. Aufbauend auf dieser Vereinbarung kann auch für die Rüstkosten einer Fertigungseinrichtung mit einem jeweils festen Kostensatz gerechnet werden.

Da der Aufwand sowohl für die Bereitstellung neuer Werkzeuge als auch für die Aufarbeitung gebrauchter Werkzeuge davon abhängig ist, ob Werkzeuge auf einer konventionellen Werkzeugmaschine oder einer numerisch gesteuerten eingesetzt werden, ist es notwendig, für diese Werkzeuggrundtypen getrennte Kostensätze einzuführen. So entsteht beispielsweise bei Werkzeugen mit gelöteten Schneiden auf konventionellen Maschinen ein vergleichsweise großer Aufwand für das Nachschleifen der Werkzeuge, außerdem unterliegen derartige Werkzeuge aus Kostensicht einem stärkerem Gebrauchsverschleiß, da diese Werkzeuge nach einer vergleichsweise geringen Zahl von Nachschleifoperationen komplett ausgemustert bzw. nachgearbeitet werden müssen. Bei Werkzeugen für numerisch gesteuerte Maschinen fällt dagegen ein vergleichsweise großer Aufwand für den Zusammenbau und das Voreinstellen der Werkzeuge an. Durch die Möglichkeit,bei hartmetallbestückten Werkzeugen nach Gebrauch eventuell nur einzelne Wendeschneidplatten auszutauschen, ist hier der Gebrauchsverschleiß kostenmäßig weniger bedeutend.

7.3.3 Berechnung der Fertigungsdifferenzkosten von Fertigungsablaufvarianten

Mit der Bestimmung der Zeitanteile im Fertigungsdurchlaufmodell und mit der Planung der Kostensätze für Sach- bzw. Dienstleistungsbereich sind die Voraussetzungen für die Berechnung der Fertigungsdifferenzkosten einer Fertigungsablaufvariante geschaffen.

Ausgehend von der Abbildung einer Fertigungsablaufvariante j eines Werkstückes i im Fertigungsdurchlaufmodell können die zugehörigen Fertigungsdifferenzkosten FDK_{ij} wie in Bild 42 dargestellt berechnet werden. Die Bestandskosten werden in Anlehnung an /86/ als Mittelwert der Bearbeitungskosten über die gesamte prognostizierte Auftragsdurchlaufzeit errechnet.

Werden für ein Werkstück erstmalig Fertigungsablaufvarianten geplant, so fallen im Dienstleistungsbereich für alle Fertigungsablaufvarianten die Vorbereitungskosten in voller Höhe an. Soll dasselbe Werkstück in einer späteren Planungsperiode wieder gefertigt werden, dürfen bei denjenigen Fertigungsablaufvarianten, nach denen das betreffende Werkstück in der Zwischenzeit bereits gefertigt wurde, keine Vorbereitungskosten mehr verrechnet werden, da die entsprechenden NC-Programme - vorausgesetzt die Maschinensteuerungen sind noch dieselben - bereits vorliegen und keine zusätzlichen Kosten mehr entstehen.

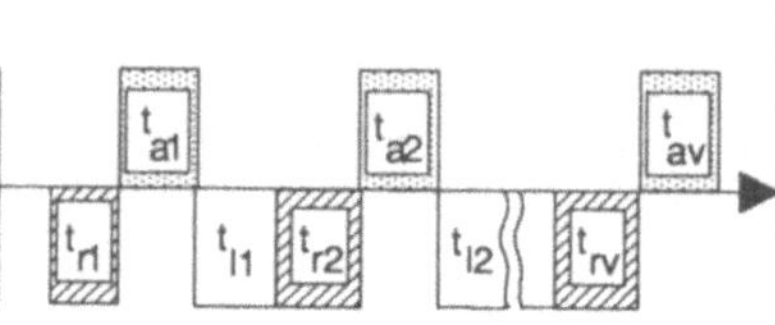

Fertigungsdifferenzkosten einer Fertigungsablaufvariante ij

$$FDK_{ij} = K_{Hij} + \sum_{f=1}^{v} (k_{l_{ijf}} + k_{m_{ijf}} + k_{o_{ijf}} + k_{p_{ijf}}) \cdot ta_{ijf}$$

$$+ \frac{(K_{Hij} + \sum_{f=1}^{v} (k_{l_{ijf}} + k_{m_{ijf}} + k_{o_{ijf}} + k_{p_{ijf}}) \cdot ta_{ijf}) \cdot p \cdot T_{Dij}}{2 \cdot 100 \cdot 365}$$

$$+ \sum_{f=1}^{v} k_{rijf} + 2 \cdot v \cdot k_t + v \cdot (k_v + k_q + k_d) + (v-1) \cdot k_s + (v-h) \cdot k_{wc}$$

$$+ (v-c) \cdot k_{wk} + K_{SW_{ij}} + K_{SV_{ij}} + K_{SQ_{ij}} + K_{U_{ij}} \qquad (4)$$

Bearbeitungskosten K_{Bij}

Auftragsabwicklungskosten K_{Aij}

FDK : Fertigungsdifferenzkosten	i : Index Werkstück, $i=1,...,m$
K_H : Materialkosten	j : Index Fertigungsablaufvariante, $j=1,...,n$
K_{SW}: Sonderwerkzeugkosten	f : Index Arbeitsvorgänge je Variante, $f=1,...,v$
K_{SV} : Sondervorrichtungskosten	c : Anzahl Arbeitsvorgänge auf NC-Maschinen
K_{SQ} : Sondermeßmittelkosten	h : Anzahl Arbeitsvorgänge auf Konv. Maschinen
K_U : Vorbereitungskosten	p : Zinssatz

Bild 42: Berechnung der Fertigungsdifferenzkosten einer Fertigungsablaufvariante

8.1   Vorgehen zur Optimierung der Verfahrensteilung

Mit der Bewertung der Fertigungsdifferenzkosten stehen alle für die Auswahl von Fertigungsablaufvarianten relevanten Zeit- und Kostendaten des Fertigungsdurchlaufs eines Werkstücks fest. Aufgabe des dritten Planungsschritts ist die endgültige Auswahl derjenigen Fertigungsablaufvarianten eines vorgegebenen Produktionsprogramms, die in der Summe entweder zu den niedrigsten Kosten oder den geringsten Durchlaufzeiten führen.

Könnte zu diesem Zeitpunkt der Planung mit Sicherheit davon ausgegangen werden, daß keine Kapazitätsengpässe bei den vorhandenen Fertigungseinrichtungen auftreten, so ergäbe sich beispielsweise die absolut minimale Summe der Fertigungskosten dadurch, daß für jeden Fertigungsauftrag diejenige Fertigungsablaufvariante ausgewählt wird, die im Vergleich mit allen anderen Fertigungsablaufvarianten deselben Werkstücks die geringsten Fertigungsdifferenzkosten verursacht. Aufgrund beschränkter Kapazitäten der Fertigungseinrichtungen muß in der Praxis jedoch mit der Kapazitätskonkurrenz mehrerer Fertigungsablaufvarianten um die jeweils "günstigsten" Maschinen gerechnet werden. Je nach Zusammensetzung des Produktionsprogramms können nur eine oder auch mehrere Fertigungseinrichtungen zum Kapazitätsengpass werden. Die Kombination an Fertigungsablaufvarianten, die unter Berücksichtigung der verfügbaren Kapazitäten zu einem relativen Minimum an Durchlaufzeiten oder Fertigungskosten führt, kann daher nur mit Hilfe eines mathematischen Optimierungsverfahren ermittelt werden /61/.

Kapazitätsengpässe können jedoch nicht nur in der Arbeitsvorbereitung bei der statischen Berechnung von Kapazitätsbedarfen auftreten, sondern auch als Folge der üblicherweise erst zu einem späteren Zeitpunkt durchgeführten Termin- und Reihenfolgeplanung der Fertigungssteuerung. Um die geforder-

ten Mengen- oder Terminvorgaben bei diesem temporären Kapazitätsengpässen einhalten zu können, müssen bestimmte Fertigungsaufträge dann auf andere Maschinen umgeplant werden,
d.h. gegebenenfalls Werkstücke nach einer anderen als der ursprünglich ausgewählten Fertigungsablaufvariante gefertigt
werden.

Im folgenden soll von der für die meisten Unternehmen zutref-
fenden Annahme ausgegangen werden, daß die Festlegung der
Verfahrensteilung in der Arbeitsvorbereitung mit einem ge-
wissen zeitlichen Vorlauf vor der Feinplanung der Fertigungssteuerung erfolgt. Um der Fertigungssteuerung den
insbesondere bei ausgeprägter Auftragsfertigung benötigten
Dispositionsspielraum bei der Planung von Mengen und Terminen
zu geben, muß bei der Festlegung der Verfahrensteilung bei
allen Fertigungseinrichtungen eine gewisse Kapazitätsreserve,
beispielsweise in Form eines Abschlags von der theoretisch
verfügbaren Maschinenkapazität, berücksichtigt werden. Der
Fertigungssteuerung kommt dann die Aufgabe zu, das im Rahmen
der Arbeitsplanerstellung als optimal ermittelte Verhältnis
von Fertigungsablaufvarianten einzelner Werkstücke möglichst
exakt umzusetzen. Treten bei der Einplanung eines Fertigungsauftrags kurzzeitige Kapazitätsengpässe auf, so kann die optimale Verfahrensteilung aufrecht erhalten werden, wenn er-
satzweise nur auf solche Fertigungsablaufvarianten eines
Werkstücks ausgewichen wird, die auch schon vom Optimierungsverfahren in einem bestimmten Stückzahlverhältnis zur Kapazi-
tätsglättung ausgewählt wurden.

Da die Zeit- und Kostenfunktionen zur Bewertung von Fertigungsablaufvarianten vollständig in Form eines linearen Gleichungssystems beschrieben werden können, bieten sich unter
den verschiedenen im Operations Research bekannten Ansätzen
zur Lösung von Optimierungsproblemen /87/ insbesondere die
Verfahren der mathematischen Planungsrechnung zur Optimierung
der Verfahrensteilung an. Diese Verfahren genügen der eingangs aufgestellten Forderung, daß alle Fertigungsablaufvarianten der in einem bestimmten Planungszeitraum herzustel-

lenden Werkstücke gleichzeitig im Auswahlprozeß mitberücksichtigt werden.

Aufgrund der begrenzten Kapazitäten der zur Verfügung stehenden Fertigungseinrichtungen ist zu erwarten, daß bei einem vorgegebenen Produktionsprogramm nicht alle Werkstücke nur nach einer einzigen Fertigungsablaufvariante gefertigt werden können. Da die Auftragsabwicklungskosten einer Fertigungsablaufvariante definitionsgemäß unabhängig davon, wieviele Werkstücke später tatsächlich nach dieser Fertigungsablaufvariante gefertigt werden sollen, stets in voller Höhe anfallen, bedeutet dies, daß bei der Optimierung der Verfahrensteilung im Falle einer Aufspaltung der Fertigungsmenge eines Werkstücks entsprechende Ganzzahligkeitsbedingungen eingehalten werden müssen.

Da jedoch Lösungsverfahren für ganzzahlige Optimierungsprobleme bei der zu erwartenden Größe des Modells[13] sehr rechenzeitaufwendig sind, und große Anforderungen an die benötigte Hard- und Software stellen, soll hier zur Ermittlung der optimalen Verfahrensteilung die lineare Planungsrechnung mit einem Entscheidungsbaumverfahren kombiniert werden. Die Anwendung der linearen Planungsrechnung /87/ führt zu einer Ausgangslösung für die Verteilung der Stückzahlvorgaben der Werkstücke auf einzelne Fertigungsablaufvarianten. Enthält diese Ausgangslösung keine ganzzahligen Koeffizienten der Auftragsabwicklungskosten, so werden hier anschließend mit Hilfe eines Branch and Bound-Verfahrens /61/ die Stückzahlen der ausgewählten Fertigungsablaufvarianten solange variiert, bis alle Ganzzahligkeitsbedingungen erfüllt sind.

Die kombinierte Anwendung von linearer Planungsrechnung und Branching and Bounding zur Auswahl von Fertigungsablaufvarianten soll im folgenden Abschnitt am Beispiel der Ermittlung einer kostenminimalen Verfahrensteilung näher erläutert wer-

---

13 Erhebungen im Rahmen dieser Arbeit haben ergeben, daß die Verfahrensteilung häufig für Fertigungsbereiche mit durchschnittlich 25 bis 30 Fertigungseinrichtungen zu ermitteln ist, und daß das zugehörige Produktionsprogramm üblicherweise zwischen 60 und 80 verschiedene Werkstücktypen bzw. -gruppen umfaßt.

den. Das dort vorgestellte Optimierungsmodell kann bei einer entsprechenden Änderung der Zielfunktion in analoger Weise auf die Ermittlung einer durchlaufzeitminimalen Verfahrensteilung übertragen werden.

8.2 Bestimmung der kostenminimalen Verfahrensteilung

8.2.1 Formulierung des Optimierungsproblems

Entsprechend der in Kapitel 7 beschriebenen Bewertung von Fertigungsablaufvarianten ergibt sich eine kostenminimale Verfahrensteilung für diejenige Kombination von Fertigungsablaufvarianten, die für ein vorgegebenes Produktionsprogramm in der Summe zu den geringsten Fertigungsdifferenzkosten führt. Um diese Optimierungsaufgabe mit Hilfe der linearen Planungsrechnung lösen zu können, müssen die Zeiten und Kosten der einzelnen Fertigungsablaufvarianten in einem Gleichungssystem beschrieben werden. Die Variablen sind dabei die Stückzahlen der nach einzelnen Fertigungsablaufvarianten herstellbaren Werkstücke, die Nebenbedingungen, die von jeder Lösung der Zielfunktion eingehalten werden müssen, resultieren u.a. aus den Kapazitätsgrenzen der einzelnen Fertigungseinrichtungen und den Stückzahlvorgaben des Produktionsprogramms.

Das für die Optimierungsaufgabe[14] maßgebende Gleichungssystem kann mit Hilfe einer Prozeßmatrix aufgestellt werden. Bild 43 zeigt diese Prozeßmatrix in allgemeiner Form, die einzelnen Koeffizienten ergeben sich aus der zuvor für jede Fertigungsablaufvariante durchgeführten Quantifizierung der Zeiten und Kosten des Auftragsdurchlaufs.

Ist für einen Fertigungsbereich mit k unterschiedlichen Fertigungseinrichtungen die optimale Verfahrensteilung für insgesamt i Werkstücktypen, für die wiederum jeweils j Ferti

---

14 Für die Lösung mehrdimensionaler linearer Optimierungsmodelle stehen zahlreiche Verfahren zur Verfügung /88/, auf die im Rahmen dieser Arbeit nicht weiter eingegangen wird.

Werkstück	1	.	i	.	m
Fertigungs-ablaufvariante	$1 \ldots j \ldots n$	.	$1 \ldots j \ldots n$	.	$1 \ldots j \ldots n$
Maschine 1 . K . Z	$t_{a11} \quad t_{a1j} \quad t_{a1n}$	. . .		. . .	$t_{am1} \quad t_{amj} \quad t_{amn}$
Bearbeitungs-kosten	$K_{B11} \quad K_{B1j} \quad K_{B1n}$		$K_{Bi1} \quad K_{Bij} \quad K_{Bin}$		$K_{Bm1} \quad K_{Bmj} \quad K_{Bmn}$
Auftrags-abwicklungs-kosten	$K_{A11} \quad K_{A1j} \quad K_{A1n}$		$K_{Ai1} \quad K_{Aij} \quad K_{Ain}$		$K_{Am1} \quad K_{Ami} \quad K_{Amn}$
Auflage-häufigkeit	R_1		R_i		R_m
Perioden-bedarf	PB_1		PB_i		PB_m

Bild 43: Prozeßmatrix zur Optimierung der Verfahrensteilung

gungsablaufvarianten mit den Bearbeitungskosten K_B und den Auftragsabwicklungskosten K_A konzipiert werden konnten, zu berechnen, so lautet die Zielfunktion für die gesamten Fertigungsdifferenzkosten eines Fertigungsbereichs:

$$\text{MIN} \quad \sum_{i=1}^{m} \sum_{j=1}^{n} (K_{Bij} * W_{ij} + K_{Aij} * r_{ij}) \qquad (5)$$

mit

W_{ij} : Anzahl Werkstücke, die nach der Fertigungsablaufvariante ij hergestellt werden

r_{ij} : Anzahl der Aufträge, die gemäß der Fertigungsablaufvariante ij durch die Fertigung laufen

Hierbei sind entsprechend den innerhalb einer bestimmten Planungsperiode zur Verfügung stehenden Fertigungskapazitäten

die Kapazitätsobergrenzen T_{GK} der einzelnen Fertigungseinrichtungen k in Form der Kapazitätsrestriktionen

$$\sum_{i=1}^{m} \sum_{j=1}^{n} (t_{aij} * w_{ij} + t_{rkj} * r_{ij}) \leq T_{GK} \quad \text{für alle k} \qquad (6)$$

mit t_a : Ausführungszeit

$\quad t_r$: Rüstzeit

zu berücksichtigen. Darüber hinaus müssen bei der Optimierung
jeweils die Mengenrestriktionen

$$\sum_{j=1}^{n} w_{ij} = PB_i \quad \text{für alle i} \qquad (7)$$

beachtet werden. Um zu gewährleisten, daß auch bei Aufspaltung des Bedarfs PB_i eines Werkstücks i auf mehrere unterschiedliche Fertigungsablaufvarianten für jedes Fertigungslos
r_i stets die Auftragsnebenkosten im Optimierungsansatz berücksichtigt werden, muß die Bedingung

$$w_{ij} - PB_{ij} * r_{ij} \leq 0 \quad \text{für alle i und j} \qquad (8)$$

erfüllt sein. Aus den Vorgaben des Produktionsprogramms geht
im allgemeinen auch die Auflagehäufigkeit R der einzelnen
Werkstücke hervor, die zu der Restriktion

$$\sum_{j=1}^{n} r_{ij} \geq R_i \quad \text{für alle i} \qquad (9)$$

führt. Mindestlosgrößen L_i, die sich beispielsweise aufgrund
des Fassungsvermögens von Förderhilfsmitteln ergeben, können
durch die Restriktion

$$w_{ij} - L_{ij} * r_{ij} \geq 0 \quad \text{für alle i und j} \qquad (10)$$

berücksichtigt werden.

Die durch die Gleichungen (5) bis (10) beschriebene Optimierungsaufgabe wird unlösbar, wenn bei einem vorgebebenen Produktionsprogramm für keine Kombination von Fertigungsablaufvarianten die im Planungszeitraum zur Verfügung stehenden Kapazitäten der Fertigungseinrichtungen ausreichend sind. Kann die Fertigung einzelner Aufträge aufgrund von Terminvorgaben nicht in eine der nachfolgenden Planungsperioden verlagert werden, so besteht vielfach die Möglichkeit, den Bedarf kurzfristig durch fremdgefertigte Werkstücke abzudecken.

Eine im Hinblick auf die Fertigungskosten optimale Entscheidung über den teilweisen oder auch vollständigen Fremdbezug bestimmter Werkstücktypen kann nur mit Hilfe eines gemeinsamen Optimierungsansatzes für Verfahrensteilung und Fremdbezug getroffen werden. Die Möglichkeit des Fremdbezugs stellt aus Sicht der Verfahrensteilung eine zusätzliche Fertigungsablaufvariante eines Werkstücks dar, die jedoch keine Kapazitäten der vorhandenen Fertigungseinrichtungen beansprucht. Es fallen bei dieser Art von Fertigungsablaufvarianten nur die Kosten der zugekauften Werkstücke, die im Prinzip den Bearbeitungskosten K_B der eigengefertigten Teile entsprechen und die Kosten für die Bestellung und Lieferung der Werkstücke an.

Für die gleichzeitige Berücksichtigung von eigen- und fremdgefertigten Werkstücken muß die ursprüngliche Zielfunktion (Gleichung (5)) um die Kosten K_{Fi} für die organisatorische Abwicklung des Zukaufs eines Werkstücks i ergänzt werden. Die Zielfunktion für die kostenoptimale Verfahrensteilung einer Fertigung unter Berücksichtigung eines möglichen Fremdbezugs der in einem bestimmten Planungszeitraums benötigten Werkstücke lautet somit

$$\text{MIN} \sum_{i=1}^{m} \sum_{j=1}^{n} (K_{Bij} * w_{ij} + K_{Aij} * r_{ij} + K_{Fij} * s_{ij}) \qquad (11)$$

Um sicherzustellen, daß bei der Optimierung die Bestellkosten K_{Fij} für jedes fremdbezogene Los s_{ij}, unabhängig von der Anzahl w_{ij} der fremdbezogenen Werkstücke i, stets in voller Höhe verrechnet werden, muß neben den Randbedingungen (6) bis (10) bei Fremdbezug noch die zusätzliche Randbedingung

$$w_{ij} - PB_i * s_{ij} \leq 0 \quad \text{für alle i und j} \quad (12)$$

erfüllt sein.

8.2.2 Berechnung der kostenminimalen Verfahrensteilung einer Fertigung von Getriebeteilen

Die Ermittlung der kostenminimalen Verfahrensteilung mit Hilfe des hier entwickelten Optimierungsansatzes soll im folgenden am Beispiel der Fertigung von Werkstücken eines Planetengetriebes gezeigt werden. Um die Auswirkungen einer ganzheitlichen Optimierung der Verfahrensteilung auf die Kostenstruktur und die Kapazitätssituation eines bestehenden Fertigungsbereichs exemplarisch aufzuzeigen, sollen die Planungsergebnisse verglichen werden mit einer alternativen Herstellung derselben Getriebeteile nach Arbeitsplänen, die mit Hilfe der bisher praktizierten Einzelbewertung von Fertigungsvarianten eines Werkstücks ausgewählt wurden.

Das zu fertigende Teilespektrum besteht neben der bereits aus Kapitel 6 als Musterwerkstück bekannten Steckhülse aus 8 weiteren Werkstücktypen. In Abhängigkeit von den Anschlußmaßen des Planetengetriebes müssen einzelne Werkstücktypen in mehreren Abmessungsvarianten gefertigt werden, wobei sich die jeweiligen Varianten aus Sicht der Verfahrensteilung im Bearbeitungsumfang nur unwesentlich voneinander unterscheiden. Mit Hilfe der in Kapitel 6 entwickelten Zuordnungssystematik wurden für jeden Werkstücktyp die mit den zur Verfügung stehenden Fertigungseinrichtungen jeweils realisierbaren Fertigungsablaufvarianten hergeleitet und hierauf aufbauend die in Bild 44 und 45 gezeigte Prozeßmatrix aufgestellt. Der Maschi-

Werkstück	1 Steckhülse						2 Zwischengehäuse		3 Motorflanschgehäuse				4 Plantetenradträger		
Fertigungsablaufvariante	1	2	3	4	5	6	1	2	1	2	3	4	1	2	3
Kaltkreissäge	0,5	0,5	0,5	0,5	0,5	0,5									
Leit- und Zugspindel-Drehmaschine							8,5		5	5			7		
Schrägbett-Drehmaschine	7	7	7	1,5			5		14,7	14,7	3			5	
Doppelspindel-Drehmaschine					4,9			8							
Drehmaschine mit angetr. Werkzeugen				6,8							28	30			6
Doppelspindeldrehmaschine mit angetr. Werkzeugen					6,2										
Wälzfräsmaschine															
Universal-Fräsmaschine		1		1					10	8			12	12	
Bearbeitungszentrum										11,3	5	5	5	5	13
Bohrzentrum									8						
Innenschleifmaschine	2	2	2	2	2	2									
Säulenbohrmaschine	0,4	0,4													
Nutenfräsmaschine	0,8	0,8													
Innen-Außenschleifmaschine	4,5	4,5	4,5	4,5	4,5	4,5									
Bearbeitungskosten	21	20	23	27	24	28	9	12	36	42	51	53	22	20	21
Auftragsabwicklungskosten	1980	1950	1860	1660	1590	1420	1440	1210	1510	1510	1390	1220	1500	1490	1360
Auflagehäufigkeit	10						5		30				10		
Periodenbedarf	3750						3750		3750				3750		

Bild 44: Prozeßmatrix für die Werkstücke eines
Planetengetriebes (1)

Werkstück	5 Ritzel 		6 Zahnrad 			7 Getriebegehäuse 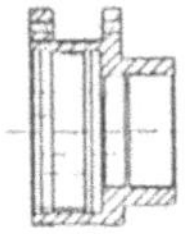			8 Abtriebswelle 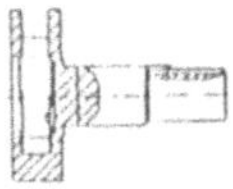				9 Wellenmutter 		
Fertigungsablaufvariante	1	2	1	2	3	1	2	3	1	2	3	4	1	2	3
Kaltkreissäge	0,5	0,5	0,5	0,5	0,5								0,8	0,8	0,8
Leit- und Zugspindel-Drehmaschine	2,5		3,7			6	6	1	2						
Schrägbett-Drehmaschine	1,5			3		12,8			6,9				3,5		
Doppelspindel-Drehmaschine		3					10			6,5					
Drehmaschine mit angetr. Werkzeugen											9	9		4	
Doppelspindeldrehmaschine mit angetr. Werkzeugen								17							3
Wälzfräsmaschine	7	7	7,8	7,8	7,8										
Universal-Fräsmaschine								2	13,3	13,3	10				
Bearbeitungszentrum						10	10		6	6	7	12,5			
Bohrzentrum													2		
Innenschleifmaschine	1,5	1,5	0,8										1,5	1,5	1,5
Säulenbohrmaschine															
Nutenfräsmaschine															
Innen-Außenschleifmaschine			2	2,5	2,5										
Bearbeitungskosten	12	11	10	8	11	33	36	45	24	26	29	26	8	9	11
Auftragsabwicklungskosten	1440	1320	2570	2420	2420	1750	1470	1210	1800	1560	1500	1360	1580	1440	1330
Auflagehäufigkeit	5		5			10			30				10		
Periodenbedarf	3750		11250			3750			3750				3750		

Bild 45: Prozeßmatrix für die Werkstücke eines Planetengetriebes (Fortsetzung)

nenpark der betrachteten Fertigung umfaßt neben stark verfahrensspezialisierten, konventionellen Dreh-, Fräs- oder Schleifmaschinen auch Bearbeitungszentren und Dreh-Fräs-Zentren mit der Möglichkeit zur Mehrverfahrens- bzw. Mehrseitenbearbeitung der Werkstücke. Ausgehend von den Kostensätzen im Sach- und Dienstleistungsbereich der betrachteten Fertigung wurden die Bearbeitungs- und Auftragsabwicklungskosten der Fertigungsablaufvarianten der einzelnen Werkstücke berechnet. In dem zu betrachtendem Planungszeitraum sollen insgesamt 3750 Planetengetriebe in unterschiedlichen Varianten hergestellt werden.

Wendet man die Gleichungen (5) bis (10) des in Abschnitt 8.2.1 entwickelten Optimierungsansatzes auf diese Optimierungsaufgabe an, so ergibt sich die kostenminimale Verfahrensteilung für die in Bild 46 ausgewiesene Kombination von

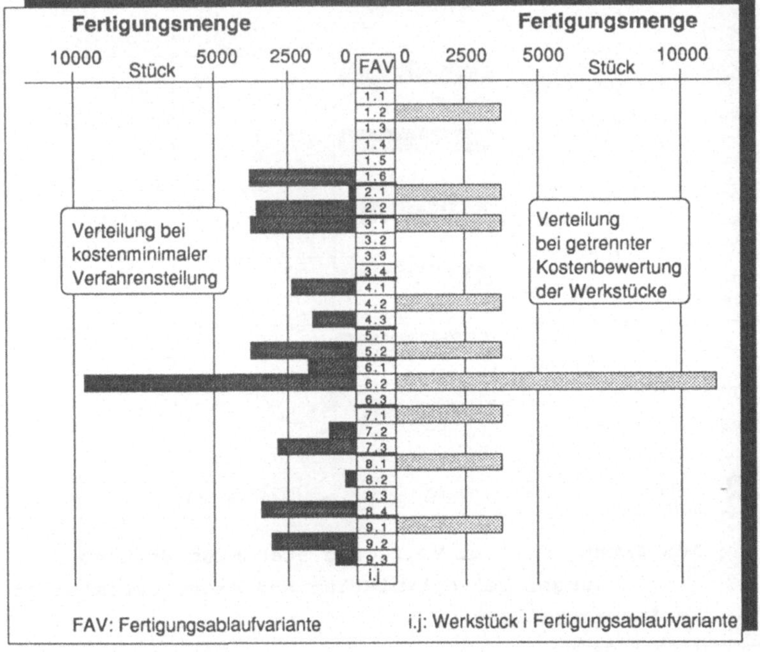

Bild 46: Verteilung der mit und ohne Berechnung der kostenminimalen Verfahrensteilung ausgewählten Fertigungsablaufvarianten der Getriebewerkstücke

Fertigungsablaufvarianten der einzelnen Werkstücktypen[15]. Bei
der zum Vergleich herangezogenen konventionellen Vorgehensweise würde aufgrund einer getrennten Kostenbewertung für jedes Werkstück jeweils nur diejenige Fertigungsablaufvariante
mit den geringsten Bearbeitungskosten ausgewählt werden. Würde nach diesen Fertigungsablaufvarianten gefertigt werden, so
würden bei mehreren Fertigungseinrichtungen starke Kapazitätsengpässe auftreten, während andere, z.T. sehr kapitalin-
tensive Werkzeugmaschinen, wie Bild 47 am Beispiel der Dreh-
und Fräsmaschinen belegt, nur unzureichend ausgelastet wären.
Im Gegensatz dazu wird durch die gleichzeitige Optimierung
der Verfahrensteilung aller Getriebewerkstücke einer Bevorzu-

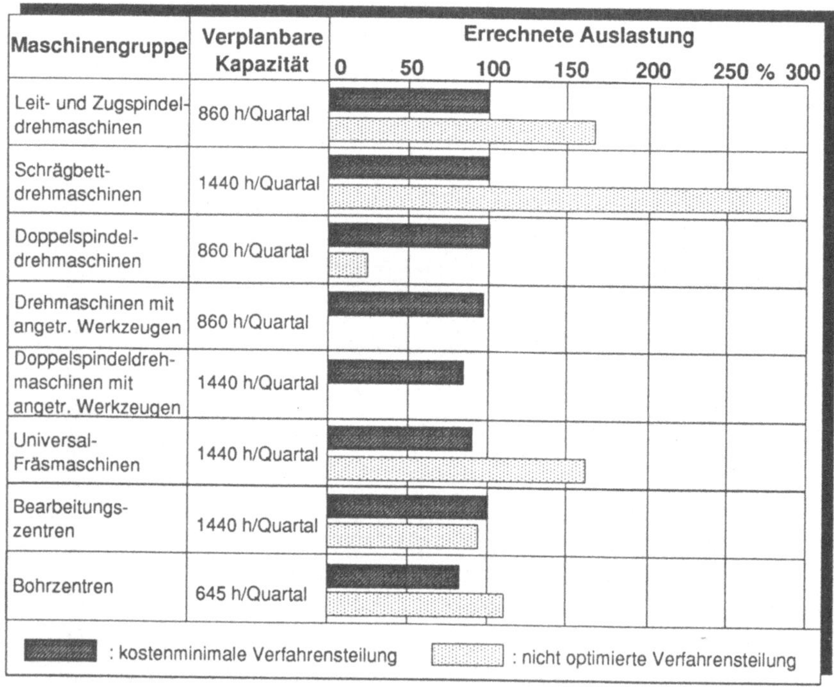

**Bild 47: Auslastung der zur Verfügung stehenden Fertigungs-
einrichtungen bei optimierter und nicht optimierter
Verfahrensteilung**

---

15 Zur Lösung des Gleichungssystems wurde ein von /89/ ent-
wickeltes Optimierungsprogramm eingesetzt, das auf einem
Personalcomputer lauffähig ist und die in Abschnitt 8.1
beschriebene Kombination von linearer Planungsrechnung und
Branch-and-Bound-Verfahren erlaubt.

gung einer bestimmten Werkzeugmaschine entgegengewirkt. Es ergibt sich eine realistische Kapazitätsbelegung der einzelnen Fertigungseinrichtungen, die einen Kapazitätsabgleich nur noch im Rahmen der kurzfristigen Fertigungssteuerung notwendig macht.

Um die nach unterschiedlichen Methoden ausgewählten Fertigungsablaufvarianten hinsichtlich der tatsächlichen Kosten des Fertigungsdurchlaufs miteinander vergleichen zu können, muß durch entsprechende Kapazitätsverlagerungen bei den konventionell ermittelten Fertigungsablaufvarianten gewährleistet sein, daß das Produktionsprogramm mit den verfügbaren Fertigungseinrichtungen ebenfalls vollständig gefertigt werden kann. Stellt man die im Sach- und Dienstleistungsbereich anfallenden variablen Fertigungskosten einer Fertigung bei optimierter Verfahrensteilung gegenüber, so ergibt sich für die betrachtete Fertigung von Getriebewerkstücken die in Bild 48 gezeigte Kostenstruktur. Die Optimierung der Verfahrensteilung führt zu einer Einsparung der Bearbeitungskosten um insgesamt 11 % und der Auftragsabwicklungskosten um insgesamt 17 % im betrachteten Planungszeitraum.

Die geringere Summe der Bearbeitungskosten bei einer optimierten Verfahrensteilung der Getriebewerkstücke ist darauf zurückzuführen, daß bei der Verplanung begrenzter Maschinenkapazitäten stets die Fertigungsablaufvarianten ausgewählt werden, bei denen bezogen auf den jeweiligen Kapazitätsbedarf der Werkstücke die geringsten Mehrkosten gegenüber allen anderen Fertigungsablaufvarianten entstehen, die ebenfalls auf dieser Maschine eingeplant werden könnten. Im Vergleich zu der herkömmlichen, isolierten Kostenbetrachtung, bei der ausschließlich die Bearbeitungskosten eines einzigen Werkstücks maßgebend für die Zuordnung der betreffenden Bearbeitungsaufgaben zu einzelnen Maschinen sind, können durch die Optimierung der Verfahrensteilung die begrenzten Maschinenkapazitäten aus Kostensicht effektiver eingesetzt werden.

Durch die Optimierung der Verfahrensteilung kann im Falle der betrachteten Fertigung von Getriebewerkstücken darüber hinaus auch eine Einsparung der Auftragsabwicklungskosten erzielt werden. Zurückzuführen ist dies auf die gleichzeitige Berücksichtigung von Bearbeitungs- und Auftragsabwicklungskosten im

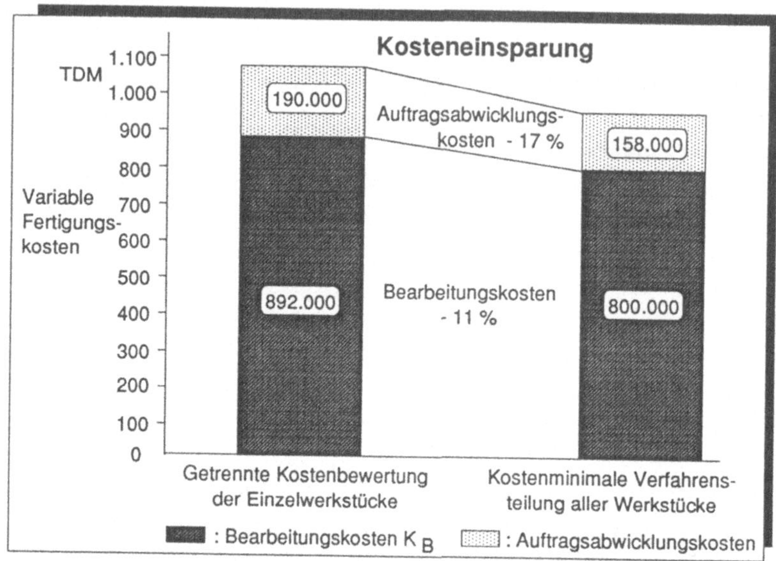

Bild 48: Gegenüberstellung der Bearbeitungs- und Auftragsabwicklungskosten bei optimaler Verfahrensteilung der Getriebewerkstücke

Optimierungsprozeß, die zur Folge hat, daß neben stark verfahrensspezialisierten Fertigungsablaufvarianten auch Fertigungsablaufvarianten mit Maschinen zur Mehrverfahrens- bzw. Mehrseitenbearbeitung eingeplant werden, sofern die höheren Bearbeitungskosten dieser Fertigungsablaufvarianten durch die geringeren Auftragsabwicklungskosten eines entsprechenden Fertigungsloses kompensiert werden. Vergleicht man die Inanspruchnahme des Dienstleistungsbereichs bei einer optimierten Verfahrensteilung mit derjenigen bei einer nicht optimierten, so ergeben sich bei gleichem Produktionsprogramm die in Bild 49 dargestellten Unterschiede im Fertigungsdurchlauf. Die Optimierung der Verfahrensteilung führt bei der exemplarisch untersuchten Fertigung von Getriebewerkstücken zu einem Rückgang der insgesamt erforderlichen Transportvorgänge, zu einer geringeren Anzahl Rüstvorgängen sowie zu einer Reduzierung des Bestands an zwischenzuspeichernden Werkstücken.

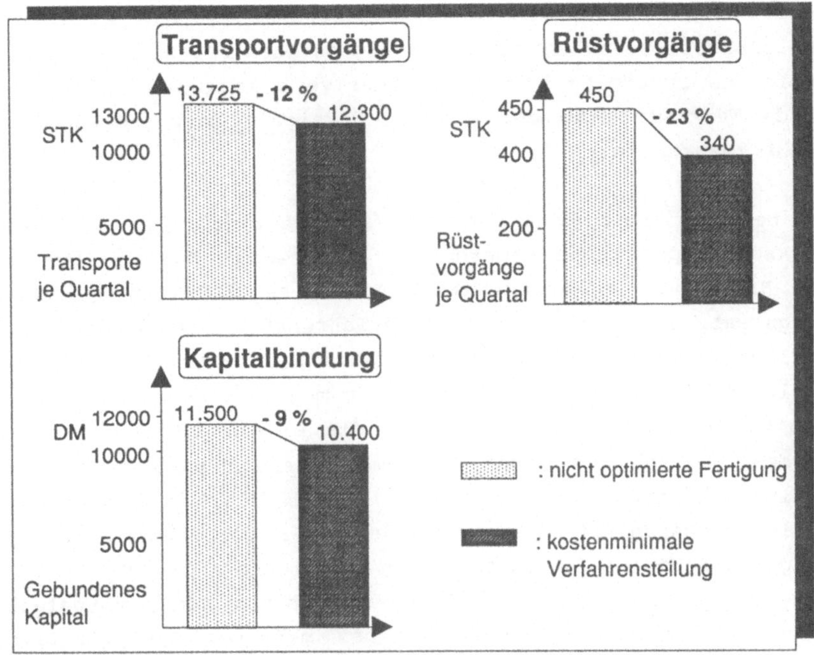

Bild 49: Einsparungen im Dienstleistungsbereich durch Ermittlung der kostenminimalen Verfahrensteilung

8.3   Optimierung der Verfahrensteilung für Teilmengen des Produktionsprogramms nach unterschiedlichen Zielkriterien

Unternehmen können aus verschiedensten Gründen heraus gezwungen sein, sich nicht nur ausschließlich an Kostenkriterien bei der Ermittlung der für sie "optimalen" Verfahrensteilung zu orientieren. So kann sich ein Unternehmen aus Wettbewerbsgründen zum Ziel setzen, bei bestimmten Produkten auf Kundenwünsche in kürzest möglicher Zeit reagieren zu können. Ebenfalls ein Abweichen von der Zielsetzung minimaler Herstellko-

sten kann notwendig werden, wenn ein Unternehmen bei Bedarf-
spitzen eine Entscheidung über Eigenfertigung oder Fremdver-
gabe bestimmter Werkstücke treffen muß. Aus strategischen
Überlegungen heraus kann es beispielsweise für ein Unternehmen sinnvoll sein, entgegen den Ergebnissen der Optimierungsverfahren bestimmte know-how-intensive oder qualitätsbestim-
mende Werkstücke in der eigenen Fertigung herzustellen und
nicht zuzukaufen.

Um bei der Festlegung der Verfahrensteilung für einzelne
Werkstücktypen keine Kompromisse eingehen zu müssen, ist es
mit Hilfe des im Rahmen dieser Arbeit entwickelten Optimie-
rungansatzes auch möglich, die Verfahrensteilung für einzelne
Teilmengen eines Produktionsprogramms nach unterschiedlichen
Zielkriterien festzulegen. Bei einer mehrstufigen Optimierung
der Verfahrensteilung muß jedoch die Einschränkung beachtet
werden, daß das in einem bestimmten Berechnungsschritt er-
zielbare Ergebnis davon abhängig ist, wie stark bis zu diesem
Optimierungsschritt die Kapazitäten der vorhandenen Fertigungseinrichtungen bereits durch Fertigungsablaufvarianten,
die nach anderen Zielkriterien ausgewählt wurden, vorbelegt
sind. Aus diesem Grund müssen bei mehreren Zielkriterien
zunächst unternehmensspezifische Prioritäten festgelegt werden.

Zur Veranschaulichung einer mehrstufigen Optimierung der Verfahrensteilung soll nochmals auf die in Abschnitt 8.2.2 beschriebene Fertigung von Getriebewerkstücken Bezug genommen
werden. Um eine hohe Lieferbereitschaft bei möglichst niedri-
gen Halbfabrikatebeständen zu erzielen, sollen die überwie-
gend kundenspezifisch ausgeführten Motorflanschgehäuse und
Abtriebswellen mit möglichst kurzen Durchlaufzeiten gefertigt
werden können. Wie Bild 50 am Beispiel der Belegung einiger
ausgesuchter Werkzeugmaschinen zeigt, ergibt sich eine durch-
laufzeitminimale Verfahrensteilung bei weitestgehender Fertigung dieser Werkstücktypen auf Maschinen zur Mehrverfahrens-
bzw. Mehrseitenbearbeitung. In einem zweiten Optimierungsschritt wird die kostenoptimale Verfahrensteilung für die als

qualitätsbestimmend angesehenen Werkstücktypen Planetenrad-
träger, Steckhülse und Getriebegehäuse festgelegt, die aus

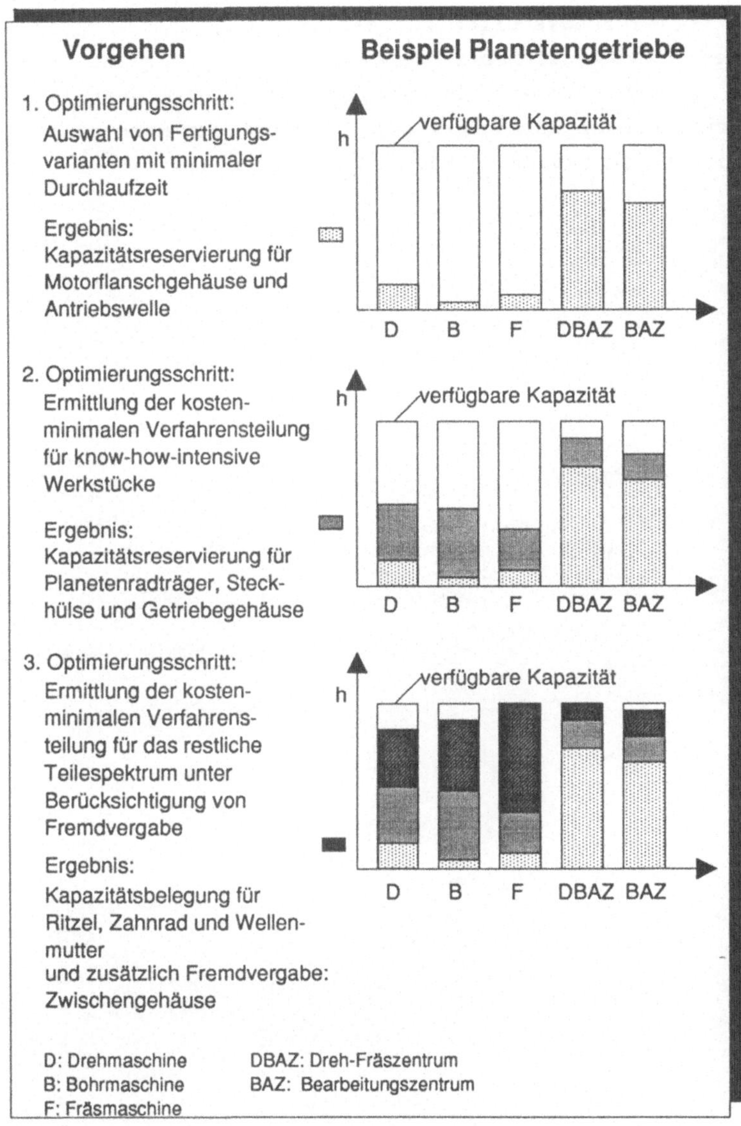

**Bild 50: Schrittweise Festlegung der Verfahrensteilung
für einzelne Teile des Produktionsprogramms
nach unterschiedlichen Zielkriterien**

strategischen Gründen nicht fremdbezogen werden sollen. Ausgehend von den noch frei verfügbaren Kapazitäten der vorhandenen Fertigungseinrichtungen wird in einem abschließenden dritten Optimierungsschritt für die verbleibenden Werkstücktypen des Planetengetriebes die kostenoptimale Verfahrensteilung berechnet, wobei die Möglichkeit eines eventuellen Fremdbezugs dieser Werkstücke durch zusätzliche Fertigungsablaufvarianten in der Prozeßmatrix abgebildet wird.

Die ständige Anpassung der Fertigung an marktbedingt rasch wechselnde Produktionsprogramme durch Investitionsmaßnahmen oder Umorganisation scheidet für die Mehrzahl aller Unternehmen aufgrund zu langer Planungszeiten oder zu hoher Kosten aus. Zielsetzung dieser Arbeit ist es daher, ein Verfahren zu entwickeln, mit dessen Hilfe die Fertigungsabläufe der Werkstücke unter Berücksichtigung der aktuellen Vorgaben des Produktionsprogramms systematisch so geplant werden können, daß die im Planungszeitraum zur Verfügung stehenden Arbeitskräfte und Fertigungseinrichtungen nach Zeit- und Kostengesichtspunkten optimal eingesetzt werden. Für die systematische Festlegung, in wieviel Fertigungsschritten ein Werkstück nach welchen Fertigungsverfahren auf welchen Fertigungseinrichtungen hergestellt werden soll, wird der Begriff der Verfahrensteilung eingeführt.

Die im ersten Teil der Arbeit vorgenommene Analyse der Planungsmethoden und -hilfsmittel der Arbeitsvorbereitung zeigt, daß die Auswirkungen der Verfahrensteilung auf den späteren Fertigungsdurchlauf eines Werkstücks bisher nur unzureichend berücksichtigt werden. Defizite bestehen dabei sowohl hinsichtlich der systematischen Aufstellung von Fertigungsablaufvarianten mit unterschiedlicher Verfahrensteilung als auch hinsichtlich ihrer anschließenden Bewertung und Auswahl. Da die Auswahl eines aus der Sicht der Arbeitsplanung optimalen Fertigungsablaufs bisher ohne Berücksichtigung der Kapazitätskonkurrenz mit anderen, im gleichen Planungszeitraum zu fertigenden Werkstücken vorgenommen wird, besteht keine Möglichkeit, bereits während der Arbeitsplanerstellung vorausschauend Kapazitätsengpässe der späteren Fertigung zu erkennen.

Die im zweiten Teil entwickelte Handlungsanleitung zur Ermittlung von Fertigungsablaufvarianten eines Werkstücks unterschiedlicher Verfahrensteilung beruht auf einer systematischen Aufspaltung der gesamten Bearbeitungsaufgabe in Einzelbearbeitungselemente. Als Voraussetzung hierfür wird ein Beschreibungssystem entwickelt und am Beispiel rotationssymmetrischer Werkstücke näher ausgeführt, mit dessen Hilfe sowohl die durch die Einzelbearbeitungselemente repräsentierten Bearbeitungsanforderungen als auch die Bearbeitungsmöglichkeiten der vorhandenen Fertigungseinrichtungen vollständig und eindeutig dargestellt werden können. Gestützt auf die graphische Darstellung der fertigungstechnisch bedingten Reihenfolgebeziehungen zwischen den Einzelbearbeitungselementen eines Werkstücks in einem Bearbeitungsgraphen, können durch systematische Variation der Zuordnung der Einzelbearbeitungselemente zu Teilarbeitsvorgängen bzw. Fertigungseinrichtungen alle bei einem vorgegebenen Bestand an Fertigungseinrichtungen realisierbaren Fertigungsablaufvarianten eines Werkstücks hergeleitet werden.

Ausgehend von einer Unterteilung der Fertigung in einem Sachleistungsbereich und einem Dienstleistungsbereich wird im dritten Teil der Arbeit eine verrichtungsorientierte Zeit- und Kostengliederung entwickelt, mit der die auf die gewählte Verfahrensteilung zurückzuführende Inanspruchnahme einzelner Einrichtungen des Fertigungsbereichs eindeutig von den Auswirkungen anderer Planungsentscheidungen abgegrenzt werden kann. Diese Zeit- und Kostengliederung bildet in Verbindung mit einem Fertigungsdurchlaufmodell der betrachteten Fertigung die Grundlage für die verursachungsgerechte Ermittlung der beim Auftragsdurchlauf nach einer bestimmten Fertigungsablaufvariante zu erwartenden Durchlaufzeiten, Bearbeitungs- und Auftragsabwicklungskosten.

Für die abschließende Auswahl derjenigen Fertigungsablaufvarianten, die unter Berücksichtigung der Kapazitätsgrenzen der vorhandenen Fertigungseinrichtungen zu einer optimalen Verfahrensteilung führen, wird im 4. Teil dieser Arbeit ein Optimierungsansatz entwickelt, der auf einer Kombination der linearen Planungsrechnung mit einem nachgeschalteten Branch and Bound-Algorithmus beruht. Neben der Ermittlung der durchlaufzeit- oder kostenminimalen Verfahrensteilung für alle Werkstücke eines Produktionsprogramms erlaubt es der Optimierungsansatz auch, die Verfahrensteilung für Teilmengen des Produktionsprogramms nach Zielkriterien unterschiedlicher Priorität festzulegen, sowie eine Entscheidung über Eigenfertigung oder Fremdbezug bestimmter Werkstücke zu treffen. Ein am Beispiel einer Fertigung von Getriebeteilen durchgeführter Vergleich zeigt, daß durch die systematische Planung und Optimierung der Verfahrensteilung sowohl eine fertigungstechnisch effektivere Nutzung der vorhandenen Fertigungseinrichtungen als auch eine Senkung der variablen Fertigungskosten erzielt werden kann.

Als Weiterführung der Arbeit ist eine Ausweitung des hier vorgestellten Verfahrens im Hinblick auf die Unterstützung von Investitionsentscheidungen bei Fertigungseinrichtungen denkbar. Im Rahmen der Planung von Ersatzinvestitionen wäre zu überprüfen, ob anstelle einer vom Funktionsumfang her identischen Maschine nicht vorteilhafter eine Maschine mit verändertem Einsatzspektrum, beispielsweise hinsichtlich Mehrverfahrens- oder Mehrseitenbearbeitung zu beschaffen ist. Bei Kapazitätserweiterungen oder einer grundlegenden Veränderung des Produktionsprogramms sollten systematisch diejenigen Fertigungseinrichtungen bestimmt werden können, die einen vorhandenen Bestand an Fertigungseinrichtungen unter Berücksichtigung der Organisation und Kostenstruktur einer Fertigung nach Zeit- oder Kostengesichtspunkten optimal ergänzen. In Anbetracht der hohen Maschinenpreise und des damit verbundenen Investitionsrisikos bedarf es dazu einer erweiterten Planungsmethode, mit der bereits im Planungsstadium die zeitlichen und wirtschaftlichen Auswirkungen konkurrierender Investitionsmöglichkeiten auf die Verfahrensteilung einer Fertigung zuverlässig quantifiziert werden können.

10   Literaturverzeichnis

/1/   Leibinger, B.:   CIM auch in mittelständischen
Unternehmen.
In: Wettbewerbsvorteile durch Integration in Produktionsunternehmen,
Referate des Münchner Kolloquiums,
24./25. März 1988, München.
Milberg, J. (Hrsg.).
Berlin u.a.: Springer, 1988,
S. 51-78.

/2/   Bäck, U.;
Döpper, W.;
Erkes, K.F.:   Planung komplexer Produktionssysteme.
In: Produktionstechnik auf dem
Weg zu integrierten Systemen.
Aachener Werkzeugmaschinen-
Kolloquium AWK, Mai 1987.
Düsseldorf: VDI-Verlag, 1987,
S. 42-83.

/3/   Börnecke, G.:   Fließfertigungskonzepte für variantenreiche Produkte.
In: Wettbewerbsvorteile durch Integration in Produktionsunternehmen.
Referate des Münchner Kolloquiums
24./25. März 1988, München.
Milberg, J. (Hrsg.).
Berlin u.a.: Springer, 1988,
S. 251-284.

/4/   Eversheim, W.;
Schuh, G.;
Caesar, C.:   Variantenvielfalt in der Serienproduktion. Ursachen und Lösungsansätze.
In: VDI-Z Bd. 130 (1988), Nr. 12,
S. 45-49.

/5/   Warnecke, H.-J.:   Grundlegende Gesetzmäßigkeiten in
der Produktion.
In: Tagungsband Fertigungstechnisches Kolloquium FTK '88,
Universität Stuttgart, 5./6. Oktober 1988.
Berlin u.a.: Springer, 1988,
S. 23-31.

/6/   Heisel, U.:   Marktakzeptanz bei der Fertigungs-
                                  flexibilisierung.
                                  In: Tagungsband Fertigungstech-
                                  nisches Kolloquium FTK '88, Univer-
                                  sität Stuttgart, 5./6. Oktober
                                  1988.
                                  Berlin u.a.: Springer, 1988,
                                  S. 86-94.

/7/   Dangelmaier, W.:   Auftragssteuerung in einem CIM-
                                  Konzept.
                                  In: Tagungsband Fertigungstech-
                                  nisches Kolloquium FTK '88, Univer-
                                  sität Stuttgart, 5./6. Oktober
                                  1988.
                                  Berlin u.a.: Springer 1988,
                                  S. 37-44.

/8/   Scheer, A.-W.:   CIM - Der computergesteuerte
                                  Industriebetrieb.
                                  2. durchges. Auflage.
                                  Berlin u.a.: Springer 1987.

/9/   Shah, R.:   Flexible Fertigungssysteme in
                                  Europa: Erfahrungen der Anwender.
                                  In: VDI-Z Bd. 129 (1987) Nr. 10,
                                  S. 13-21.

/10/   Viehweger, B.;   Flexible Fertigungssysteme.
       Schütt, J.M.;   Erfahrungen bei Planung und
       Wiegershaus, U.:   Realisierung.
                                  In: Industrie-Anzeiger 111 (1989)
                                  Nr. 46, S. 30-33.

/11/   Eversheim, W;   Produktion und Absatz strategisch
                                  geplant.
                                  In: VDI-Z 142 (1990), Nr. 3,
                                  S. 68-73.

/12/   Vits, R.:   Aufgabenangepaßte Fertigungs-
                                  strukturen.
                                  In: VDI-Z Bd. 129 (1987) Nr. 8,
                                  S. 63-69.

/13/   Schulz, H.:   Die kompatible Werkzeugmaschine
                                  7. EMO Mailand.
                                  In: Werkstatt und Betrieb 120
                                  (1987), Nr. 12, S. 993.

/14/ Malle, K.:   Bohren, Fräsen und Drehen in einer
                                Aufspannung.
                                In: VDI-Z Bd. 129 (1987) Nr. 8,
                                S. 70-72.

/15/ Kalmbach, K.:   Werkstücke komplett in flexiblen
                                Drehzellen bearbeiten.
                                In: Werkstatt und Betrieb 122
                                (1989), Nr. 8, S. 625-629.

/16/ Lawrenz, K.-P.:   Komplettbearbeitung und Universa-
                                lität.
                                In: tz für Metallbearbeitung 82
                                (1988), Nr. 12, S. 16-18.

/17/ o.V.   Norm DIN 8580 06.74:
                                Fertigungsverfahren:
                                Einteilung.

/18/ o.V.   Norm DIN 8589 Teil 0 03.81:
                                Fertigungsverfahren Spanen:
                                Einordnung, Unterteilung, Begriffe.

/19/ Warnecke, H.J.;   Flexible Blechteilefertigung
      Claussen, C.M.:   sichert Wettbewerbsfähigkeit.
                                In: VDI-Z 130 (1988), Nr. 4,
                                S. 51-57.

/20/ Claussen, C.M.;   Die flexible Blechfabrik.
      Drobek, R.:   In: VDI-Z 132 (1990), Nr. 4,
                                S. 81-87.

/21/ Frese, E.:   Arbeitsteilung und -bereicherung.
                                In: Handwörterbuch der Produktions-
                                wirtschaft.
                                Kern W. (Hrsg.).
                                Stuttgart: Poeschel, 1979,
                                S. 147-159.

/22/ Häußermann, S.:   Planung von Mehrstellenarbeit unter
                                Berücksichtigung von Umfeld-
                                aufgaben.
                                Berlin u.a.: Springer, 1980.
                                Zugl. Stuttgart, Universität ,
                                Diss. Dr.-Ing., 1980.

/23/   Lehmann, W.:   Fachgebiete in Jahresübersichten.
                                   Drehverfahren und Drehmaschinen.
                                   In: VDI-Z 130 (1988), Nr. 10,
                                   S. 56-68.

/24/   Warnecke, H.-J.;   Kostenrechnung für Ingenieure.
       Bullinger, H.-J.;   3., überarb. Auflage,
                                   München u.a.: Hanser, 1990.

/25/   Boetz, V.:   Mehr Wirtschaftlichkeit durch
                                   Komplettbearbeitung.
                                   In: Industrieanzeiger 110 (1988),
                                   Nr. 10, S. 16-23.

/26/   Roth, H.-P.:   Komplettbearbeitung - Mehr als nur
                                   ein Modetrend? Möglichkeiten zur
                                   systematischen Rationalisierung der
                                   Kleinserienfertigung.
                                   In: VDI-Z 130 (1988) Nr.9,
                                   S. 19-26.

/27/   Hachtel, G.;   Graphikunterstützte integrierte
                                   Produktionsplanung und -steuerung
                                   bei mehrstufiger Linienfertigung.
                                   In: Industrie-Anzeiger Nr. 109
                                   (1987), Nr.95, S. 42-43.

/28/   AwF/REFA   Handbuch der Arbeitsvorbereitung
                                   Teil 1, Arbeitsplanung
                                   Berlin u.a.: Beuth, 1983.

/29/   Steudel, M.:   Analyse der Arbeitsplanerstellung.
                                   In: Industrie-Anzeiger 102 (1980),
                                   Nr. 55, S. 11-15.

/30/   Ungeheuer, U.;   Methoden zur Erfassung der
       Schwannborn, W.:   bestehenden Situation in der
                                   Arbeitsvorbereitung.
                                   In: Industrieanzeiger 105 (1983),
                                   Nr.21, S. 12-16.

/31/ Schuppar, H.:   Rechnerunterstützte Erstellung und
                                   Aktualisierung von Relativkosten-
                                   Katalogen.
                                   Aachen: Rheinisch-Westfälische
                                   Technische Hochschule,
                                   Diss. Dr.-Ing., 1977.

/32/ Niessner, C.:   Untersuchung zur Messung der
                          Effizienz der Arbeitsplanung
                          im Maschinenbau.
                          In: VDI-Z 125 (1983), Nr. 10,
                          S. 407-408.

/33/ Kluge, H.:   Systeme beurteilen und auswählen.
                          Industrie-Anzeiger 106 (1984),
                          Nr. 41, S. 65-69.

/34/ Heiob, W.:   Rechnerunterstützte Arbeitsplanung
                          (CAP) mit Entscheidungstabellen.
                          In: AV 25 (1988), Nr. 1, S. 14-18.

/35/ Ehrlich, H.:   Arbeitsplanung und Kostenrechnung
                          für Rotationsteile.
                          Hannover, Technische Universität,
                          Diss. Dr.-Ing., 1984.

/36/ Esch, H.:   CAD/CAM - Systeme, Übersicht und
                          Merkmale, Systemauswahl.
                          In: Industrieanzeiger 104 (1982),
                          Nr. 88, S. 67-72.

/37/ Ehrlich, H.;   Rechnergestützte und stati-
     Freist, C.:   stische Arbeitsplanung als
                          Gesamtsystem.
                          In: VDI-Z 127 (1985) Nr. 8,
                          S. 301-307.

/38/ Lorenz, W.:   Flexibles Rechnersystem verkürzt
                          Zeitaufwand für das Arbeitsplan-
                          erstellen.
                          In: Maschinenmarkt 90 (1984),
                          Nr. 41/42, S. 1004-1006.

/39/ Anders, N.;   AVOGEN - wissensbasierte Gene-
     Schaele, M.;   rierung von Arbeitsvorgangsfolgen.
     Prack, K.-W.:   In: VDI-Z 132 (1990) Nr.4,
                          S. 49-52.

/40/ Schwamborn, W.:   Rechnerunterstützte Arbeits-
                          planung.
                          In: VDI-Z 129 (1987) Nr.1,
                          S. 44-48.

/41/ Roth, H.-P.;   Einsatzmöglichkeiten Rechner-
     Zeh, K.-P.;   unterstützter, wissenbasierter
     Muthsam, H.:   Planungsinstrumentarien.
                        in: Flexible Fertigungsysteme,
                        20. IPA-Arbeitstagung,
                        13.-14. Sept. 1988, Stuttgart.
                        Berlin u.a.: Springer, 1988,
                        S. 210-228.

/42/ Kühnle, H.;   Wissensbasis zur rechnerunter-
     Wiedenmann, H.:   stützten Arbeitsplanerzeugung.
                        In: AV 26 (1989) Nr. 3,
                        S. 112 ff.

/43/ Lueg, H.:   Systematische Fertigungsplanung.
                        Systematik zur Erfassung und Verar-
                        beitung komplexer Fertigungsab-
                        läufe.
                        Würzburg: Vogel, 1975.

/44/ Graalmann, H.:   Ein System zur automatischen
                        Ermittlung von Arbeitsvorgangs-
                        folgen auf der Basis einer
                        analytischen Beschreibung des
                        Bearbeitungsprozesses.
                        Aachen, Rheinisch-Westfälische
                        Technische Hochschule,
                        Diss. Dr.-Ing., 1975.

/45/ Ruoff, F.:   Arbeitsplanerstellung und Vorgabe-
                        zeitermittlung für die konven-
                        tionelle spanende Fertigung.
                        Stuttgart, Universität,
                        Diss. Dr.-Ing., 1980.

/46/ Zons, K.-H.:   Rechnerunterstützte Ermittlung von
                        Arbeitsvorgangsfolgen auf der Basis
                        von bearbeitungstechnologischen
                        Grundlagen.
                        Aachen:Rheinisch-Westfälische
                        Technische Hochschule,
                        Diss. Dr.-Ing., 1983.

/47/ Vutz, J.:   Entwicklung einer Auswahlstrategie
                        für den Einsatz von Fertigungs-
                        mitteln bei der Fräsbearbeitung in
                        Einzel- und Kleinserienfertigung.
                        Aachen, Rheinisch-Westfälische
                        Technische Hochschule,
                        Diss. Dr.-Ing., 1986.

/48/ Spatke, R.:   Robotergerechte Arbeitsplanung.
                                     In: VDI-Z 127 (1985) Nr. 13,
                                     S. 495-499.

/49/ Wolfstetter, G.:   Die Verwendung von Maschinen-
                                     stundensätzen in der Arbeitsvor-
                                     bereitung.
                                     In: Krp 1985 Nr. 3,
                                     S. 103-106.

/50/ o.V.   VDI-Richtlinie 3258, Blatt 1,
                                     10.62: Kostenrechnung mit Maschi-
                                     nenstundensätzen.

/51/ Horváth, P.:   Aktuelle Probleme des Rechnungs-
                                     wesens infolge neuer Fertigungs-
                                     technologien.
                                     In: Veränderte Fertigungstechno-
                                     logie und Unternehmensführung.
                                     5. Stuttgarter Unternehmergespräch
                                     29. Okt. 1985, Stuttgart.
                                     Danert, G.; Horvath, P. (Hrsg.).
                                     Stuttgart: Förderkreis Betriebs-
                                     wirtschaft an der Univ. Stuttgart,
                                     1985, S. 68-88.

/52/ Honrath, K.;   Flexible Fertigungssysteme in der
      Herrmann, P.;   Serienfertigung.
      Schmidt, J.:   In: Zeitschrift für Betriebswirt-
                                     schaft, Heft 1, (1986), S. 192.

/53/ Wildemann, H.:   Strategische Investitionsplanung
                                     für neue Technologien in der
                                     Produktionstechnik.
                                     In: Tagungsband zum 2. Fertigungs-
                                     wirtschaftlichen Kolloquium,
                                     Passau, 1986, S. 1-100.

/54/ Cooke, P.N.C.:   Rethinking invest appraisal for
                                     CIM.
                                     In: The FMS Magazine, July 1986,
                                     S. 154-156.

/55/ Eversheim, W.;   Kostenstrukturveränderungen flexi-
      Schönheit, M.:   bler Fertigung.
                                     In: VDI-Z 131 (1989), Nr. 7,
                                     S. 64-68.

/56/ Neitzel, R.:   Ein Expertensystem für die
Investitionsplanung.
In: Industrie-Anzeiger 110 (1988),
Nr. 7, S. 30-31.

/57/ Platt, J.:   Kostenanalyse bei flexibel auto-
matisierten Fertigungssystemen.
München: gfmt 11, 1987.
Zugl. Passau, Universität,
Diss, 1986.

/58/ Knoop, J.:   Online - Kostenrechnung für die
CIM-Planung.
Berlin: Erich Schmidt, 1986.
Betriebliche Informations- und
Kommunikationssysteme; 5.

/59/ Schmidt, H.:   Konzeption eines Kostenmodells für
integrierte Systeme, gezeigt am
Beispiel flexibler Fertigungs-
systeme.
Aachen: Rheinisch-Westfälische
Technische Hochschule, Diss.
Dr.-Ing., 1989.

/60/ Almenräder, A.:   Beitrag zur Bestimmung des Zeitauf-
wandes für die Funktion "Arbeits-
planerstellung" im Maschinenbau.
Aachen: Rheinisch-Westfälische
Technische Hochschule , Diss.
Dr.-Ing., 1983.

/61/ Müller-Merbach, H.:   Operations Research
Methoden und Modelle der Optimal-
planung.
3., durchges. Aufl.
München: Franz Vahlen, 1973.

/62/ Kilger, W.:   Optimale Produktions- und Absatz-
planung.
Opladen: Westdeutscher Verlag,
1973.

/63/ Angermann, A.:   Entscheidungsmodelle.
Frankfurt: Nowack, 1963
Industrielle Planungsrechnung; 1.

/64/ Vazsonyi, A.:   Die Planungsrechnung in Wirtschaft
und Industrie.
München: Oldenburg, 1962.

/65/ Sankaran, D.:   Neue Methoden zur Optimierung der
                          industriellen Fertigung.
                          Gräfelfing: Resch, 1974.

/66/ Ropohl, G.:   Systemtechnik - Grundlagen und
                          Anwendung.
                          München: Hanser, 1975.

/67/ Müller-Merbach, H.:   Optimale Reihenfolge.
                          Berlin u.a.: Springer, 1970.

/68/ Keul, W;   8. EMO Hannover
     Schulte, H.J.;   Die Werkzeugmaschinenindustrie
     Malle, K.:   demonstriert Systemkompetenz.
                          In: VDI-Z 131 (1989), Nr.12,
                          S. 16-34.

/69/ Albach, H.:   Investitionsentscheidungen in
                          Mehrproduktunternehmen.
                          In: Betriebsführung und Operations
                          Research. Angermann, A. (Hrsg.).
                          Frankfurt/Main: Nowack, 1963,
                          S. 24-48.

/70/ Lueg, H.;   Fertigungsbeschreibendes Klassifi-
     Moll, W.P.:   zierungssystem.
                          Stuttgart: Grossmann, 1973.

/71/ REFA   Systematische Montageplanung.
                          Handbuch für die Praxis.
                          Bullinger, H.J. (Hrsg.),
                          München u.a.: Hanser 1986.

/72/ o.V.   DIN ISO 1101 Teil 1.
                          Geometrische Tolerierungen.
                          Form-, Richtungs-, Orts- und
                          Lauftoleranzen.

/73/ Wiendahl, H.-P.:   Betriebsorganisation für
                          Ingenieure.
                          München u.a.: Hanser, 1983.

/74/ Eversheim, W.:   Organisation in der Produktions-
                          technik.
                          Bd. 3, Arbeitsvorbereitung.
                          Düsseldorf: VDI, 1980.

/75/ Hebbeler, M.B.: Standardisierung von Ablauf- und
Zeitplanung.
Köln: TÜV Rheinland, 1989.
Schriftenreihe Technische Betriebs-
führung.

/76/ Schoth, H.P.: Zeitvorrechnung für die Zerspanung.
In: Planung und Produktion (1980)
Nr. 6, S. 4-7.

/77/ Zipse, Th.; Rechnerunterstützte Kapazitäts-
Roth, H.-P.: ermittlung bei der Neuplanung
spanender Fertigungsbereiche.
In: Industrie-Anzeiger Nr. 106,
(1984), S. 23-24.

/78/ Gerlach, H. H.; Analyse der Liegezeiten.
Tschuschke, W.: In: Zeitschrift für Logistik,
April 1987, S. 56-59.

/79/ Kilger, W.: Flexible Plankostenrechnung und
Deckungsbeitragsrechnung.
9. Verb. Auflage.
Wiesbaden: Gabler, 1988.

/80/ Mellerowicz, K.: Kosten und Kostenrechnung;
1. Theorie der Kosten.
5., durchges. Aufl.
Berlin u.a.: Springer, 1973.

/81/ Kube, V.: Leistungserfassung im Industrie-
betrieb.
In: Neue Entwicklungen in der
Kostenrechung. Jacob, H. (Hrsg.).
Schriften zur Unternehmens-
führung, Bd. 21.
Wiesbaden: Gabler, 1976,
S. 41-84.

/82/ Laßmann, G.: Die Kosten- und Erlösrechnung als
Instrument der Planung und Kon-
trolle in Industriebetrieben.
Düsseldorf: VDI, 1968.

/83/ Anschütz, H.: Kostenkalkulation und Kostenplanung
- eine Gemeinschaftsaufgabe von
Ingenieur und Kaufmann.
In: Betriebswissenschaftliche
Forschung und Praxis, 1970,
S. 415 ff.

/84/ Mahlert, A.:   Die Abschreibungen in der entschei-
                          dungsorientierten Kostenrechnung.
                          Opladen: Westdeutscher Verlag,
                          1976.

/85/ Horvath, P.:   Controlling.
                          3., neubearb. Auflage
                          München: Vahlen, 1990.

/86/ Brink, A.;   Zur Berücksichtigung von Kapital-
     Büchter, D.:   bindungskosten in ausgewählten Ent-
                          scheidungsmodellen.
                          In: ZfbF 42 (1990) Nr. 3,
                          S. 216-241

/87/ Dantzig, Georg B.:   Lineare Programmierung und Er-
                          weiterungen.
                          Berlin u.a.: Springer, 1966.

/88/ Runzheimer, B.:   Operations Research I:
                          Lineare Planungsrechnung
                          und Netzplantechnik.
                          Wiesbaden: Gabler, 1978.

/89/ o.V.   XPRESS-MP.
                          Reference Manual, Version 4.70
                          Blisworth (GB): Dash Associates,
                          1989.

IPA Forschung und Praxis
Schriftenreihe aus dem Institut für Produktionstechnik und Automatisierung, Stuttgart

Herausgeber: Prof. Dr.-Ing. H. J. Warnecke

IPA Forschung und Praxis

Berichte aus dem Fraunhofer-Institut für Produktionstechnik und Automatisierung, Stuttgart, und dem Institut für Industrielle Fertigung und Fabrikbetrieb der Universität Stuttgart

Herausgeber: Prof. Dr.-Ing. H. J. Warnecke

IPA-IAO Forschung und Praxis

Berichte aus dem Fraunhofer-Institut für Produktionstechnik und Automatisierung (IPA), Stuttgart, Fraunhofer-Institut für Arbeitswirtschaft und Organisation (IAO), Stuttgart, und Institut für Industrielle Fertigung und Fabrikbetrieb der Universität Stuttgart

Herausgeber: Prof. Dr.-Ing. H. J. Warnecke und Prof. Dr.-Ing. H.-J. Bullinger

---

Die Bände sind im Erscheinungsjahr und in den folgenden drei Kalenderjahren zu beziehen durch den örtlichen Buchhandel oder durch Lange & Springer, Otto-Suhr-Allee 26-28, 1000 Berlin 10.